Lineares Optimieren

Einführung in die mathematische Behandlung moderner Probleme in den Wirtschaftswissenschaften

Von Karl Schick

LÖSUNGSWEGE UND LÖSUNGEN

516
DIESTERWEG SALLE
Frankfurt am Main · Berlin · München

Inhaltsverzeichnis

Wir bitten um Verständnis dafür, daß wir — um eine mißbräuchliche Benutzung auszuschließen — diesen Band *nur direkt* und nur auf Bestellungen, die den *Schulstempel* tragen, ausliefern können. Selbstverständlich können Sie, wenn Sie dies wünschen, auch Ihren *Schülern* (oder deren Eltern) Exemplare dieses Bandes zur Verfügung stellen; wir bitten jedoch auch in diesem Falle, die Bestellung *über die Schule* direkt an den Verlag zu richten.

ISBN 3-425-00516-2

1. Auflage

Zeichnungen: Joachim Zwick, Pohlheim

Gesamtherstellung: Brühlsche Universitätsdruckerei, Gießen

Lösungswege und Lösungen

Seite 36–40 (Aufgaben)

1. $\mathbb{M}_1 = \emptyset, \quad \mathbb{M}_2 = \left\{\frac{17}{2}\right\}, \quad \mathbb{M}_3 = \emptyset, \quad \mathbb{M}_4 = \{\sqrt{2}, -\sqrt{2}\}, \quad \mathbb{M}_5 = \{1, 2, 3, 4\}, \quad \mathbb{M}_6 = \emptyset.$

2. $\mathbb{M}_1 = \{3, 4, 5\}$

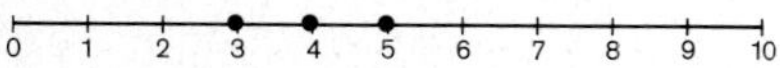

$\mathbb{M}_2 = \{4, 5, 6, 7, 8, 9, 10\}$

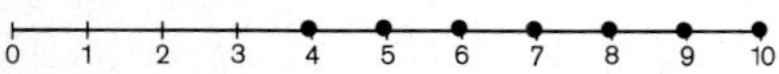

$\mathbb{M}_3 = \{1, 2, 3, 4, 5, 6\}$

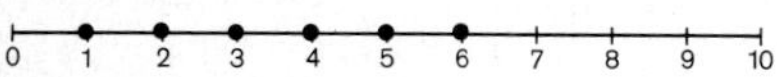

$\mathbb{M}_4 = \{3, 4, 5, 6, 7\}$

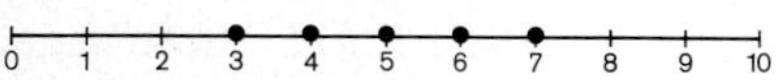

$\mathbb{M}_5 = \{(2,2), (3,2), (4,2)\}$

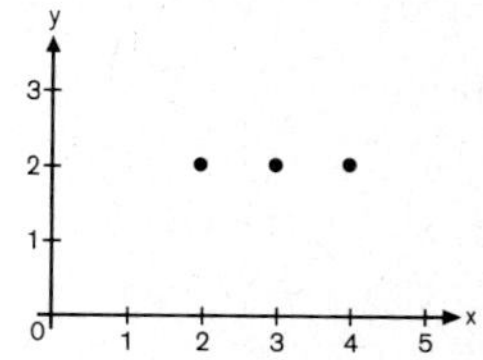

$\mathbb{M}_6 = \{(1,2), (1,3), (1,4), (2,2), (2,3), (2,4), (3,2), (3,3), (3,4), (4,2), (4,3), (4,4)\}$

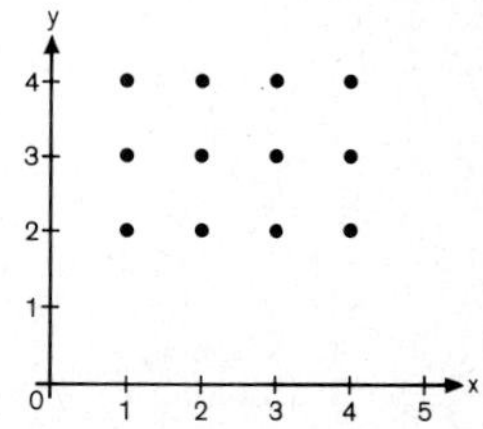

3. $\mathbb{M}_1 = \mathbb{M}_2 = \mathbb{M}_5 = \mathbb{M}_6 = \{3\}, \qquad \mathbb{M}_3 = \mathbb{M}_4 = \{3, -3\}.$

4. a) $\mathbb{M}_1 \cap \mathbb{M}_1 = \mathbb{M}_1 \qquad \mathbb{M}_1 \cup \mathbb{M}_1 = \mathbb{M}_1$
$\mathbb{M}_1 \cap \mathbb{M}_3 = \mathbb{M}_3 \qquad \mathbb{M}_1 \cup \mathbb{M}_3 = \mathbb{M}_1$
$\mathbb{M}_1 \cap \mathbb{M}_4 = \mathbb{M}_4 \qquad \mathbb{M}_1 \cup \mathbb{M}_4 = \mathbb{M}_1$
$\mathbb{M}_2 \cap \mathbb{M}_3 = \mathbb{M}_4 \qquad \mathbb{M}_2 \cup \mathbb{M}_3 = \mathbb{M}_1$
$\mathbb{M}_3 \cap \mathbb{M}_3 = \mathbb{M}_3 \qquad \mathbb{M}_3 \cup \mathbb{M}_3 = \mathbb{M}_3$
$\mathbb{M}_4 \cap \mathbb{M}_4 = \mathbb{M}_4 \qquad \mathbb{M}_4 \cup \mathbb{M}_4 = \mathbb{M}_4$

$\mathbb{M}_1 \times \mathbb{M}_1 = \{(1,1), (1,2), (1,3), (1,4), (1,5), (1,6), (2,1), (2,2), (2,3), (2,4), (2,5), (2,6), (3,1), (3,2), (3,3), (3,4), (3,5), (3,6), (4,1), (4,2), (4,3), (4,4), (4,5), (4,6), (5,1), (5,2), (5,3), (5,4), (5,5), (5,6), (6,1), (6,2), (6,3), (6,4), (6,5), (6,6)\}$

$\mathbb{M}_1 \times \mathbb{M}_3 = \{(1,1), (1,3), (1,5), (2,1), (2,3), (2,5), (3,1), (3,3), (3,5), (4,1), (4,3), (4,5), (5,1), (5,3), (5,5), (6,1), (6,3), (6,5)\}$

$\mathbb{M}_1 \times \mathbb{M}_4 = \mathbb{M}_4$

$\mathbb{M}_2 \times \mathbb{M}_3 = \{(2,1), (2,3), (2,5), (4,1), (4,3), (4,5), (6,1), (6,3), (6,5)\}$

$\mathbb{M}_3 \times \mathbb{M}_3 = \{(1,1), (1,3), (1,5), (3,1), (3,3), (3,5), (5,1), (5,3), (5,5)\}$

$\mathbb{M}_4 \times \mathbb{M}_4 = \mathbb{M}_4$

b)

$\mathbb{M}_1 \subset \mathbb{M}_1$	w	$\mathbb{M}_2 \subset \mathbb{M}_1$	w	$\mathbb{M}_3 \subset \mathbb{M}_1$	w	$\mathbb{M}_4 \subset \mathbb{M}_1$	w
$\mathbb{M}_1 \subset \mathbb{M}_2$	f	$\mathbb{M}_2 \subset \mathbb{M}_2$	w	$\mathbb{M}_3 \subset \mathbb{M}_2$	f	$\mathbb{M}_4 \subset \mathbb{M}_2$	w
$\mathbb{M}_1 \subset \mathbb{M}_3$	f	$\mathbb{M}_2 \subset \mathbb{M}_3$	f	$\mathbb{M}_3 \subset \mathbb{M}_3$	w	$\mathbb{M}_4 \subset \mathbb{M}_3$	w
$\mathbb{M}_1 \subset \mathbb{M}_4$	f	$\mathbb{M}_2 \subset \mathbb{M}_4$	f	$\mathbb{M}_3 \subset \mathbb{M}_4$	f	$\mathbb{M}_4 \subset \mathbb{M}_4$	w

5.

$\mathbb{N} \cap \mathbb{Z} = \mathbb{N}$	$\mathbb{G} \cap \mathbb{U} = \emptyset$	$\mathbb{Q} \cap \mathbb{Q} = \mathbb{Q}$	$(\mathbb{G} \cup \mathbb{U}) \cap \mathbb{Z} = \mathbb{N}$
$\mathbb{N} \cup \mathbb{Z} = \mathbb{Z}$	$\mathbb{G} \cup \mathbb{U} = \mathbb{N}$	$\mathbb{Q} \cup \mathbb{Q} = \mathbb{Q}$	$(\mathbb{Z} \cap \mathbb{N}) \cup (\mathbb{U} \cup \mathbb{G}) = \mathbb{N}$
$\mathbb{N} \cap \mathbb{Q} = \mathbb{N}$	$\mathbb{N} \cap \mathbb{U} = \mathbb{U}$	$\mathbb{Q} \cap \mathbb{G} = \mathbb{G}$	$(\mathbb{G} \cap \mathbb{U}) \cup (\mathbb{Z} \cup \mathbb{Q}) = \mathbb{Q}$
$\mathbb{N} \cup \mathbb{Q} = \mathbb{Q}$	$\mathbb{N} \cup \mathbb{U} = \mathbb{N}$	$\mathbb{Q} \cup \mathbb{G} = \mathbb{Q}$	$(\mathbb{Z} \cup \mathbb{N}) \cup (\mathbb{G} \cup \mathbb{N}) = \mathbb{Z}$

6. a)

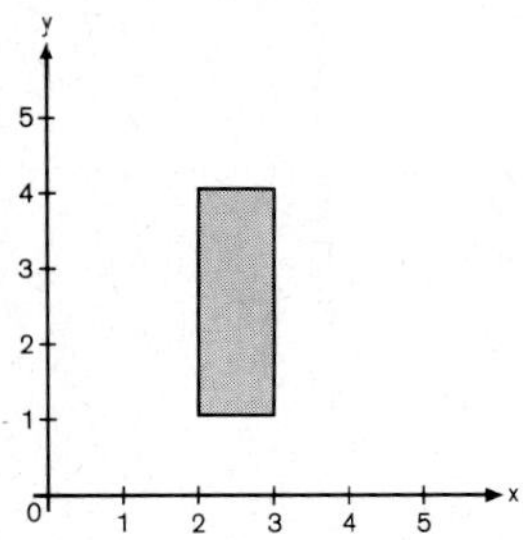

c)

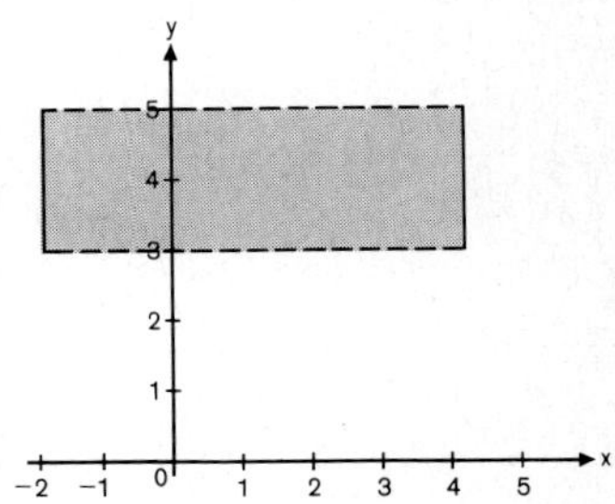

b)

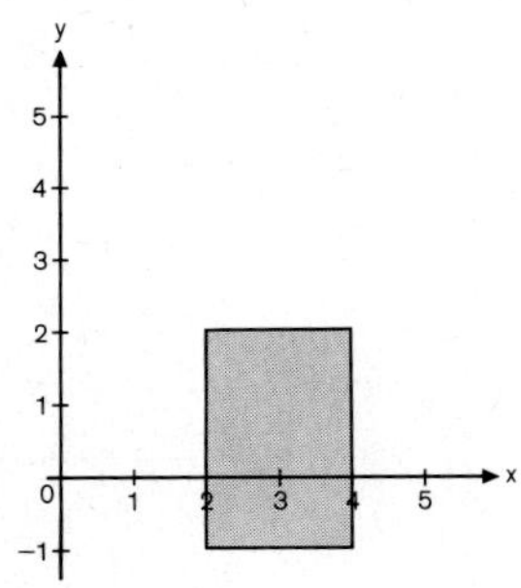

d)

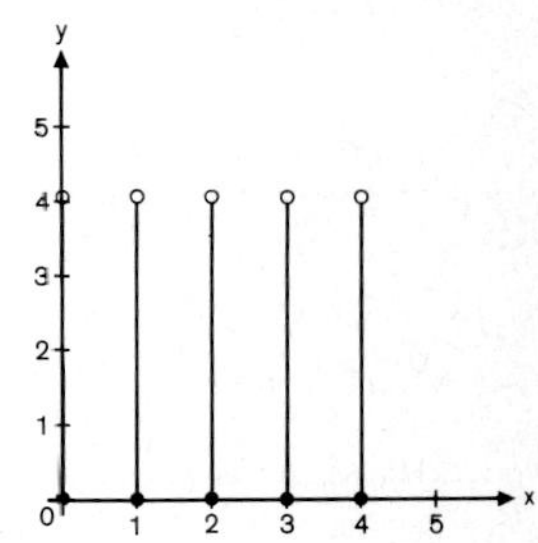

7. $\mathbb{M}_1$

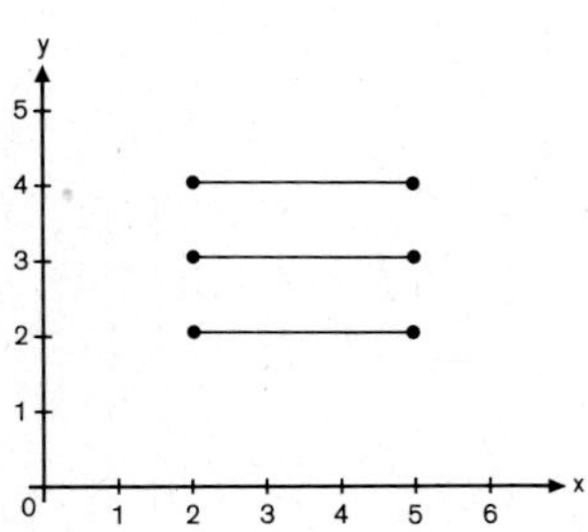

$\mathbb{M}_2$

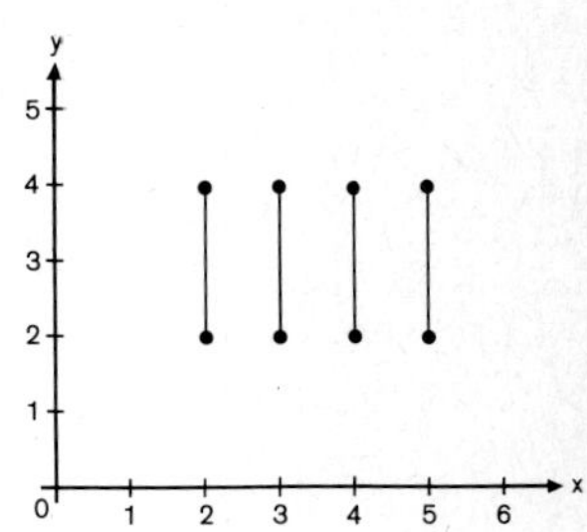

$\mathbb{M}_3$

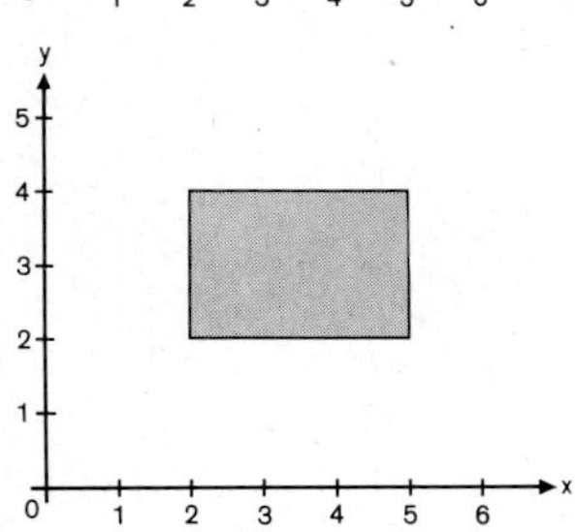

$\mathbb{M}_4$

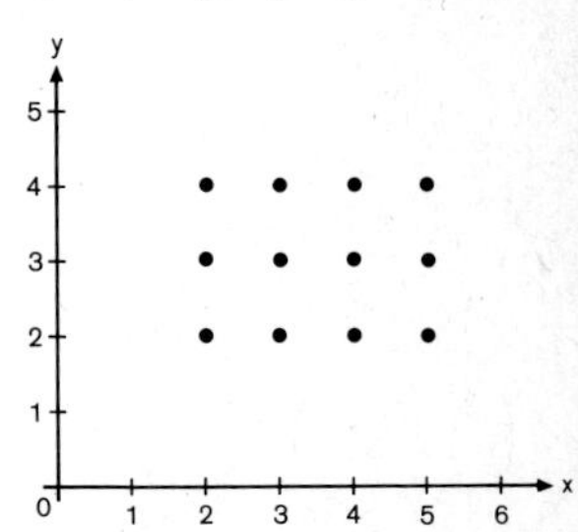

8. $\mathbb{M}_1 \times \mathbb{M}_2 = \{(\text{Otto}, \text{Tina}), (\text{Otto}, \text{Eva}), (\text{Tom}, \text{Tina}), (\text{Tom}, \text{Eva}), (\text{Paul}, \text{Tina}), (\text{Paul}, \text{Eva})\}$
$\mathbb{M}_2 \times \mathbb{M}_1 = \{(\text{Tina}, \text{Otto}), (\text{Tina}, \text{Tom}), (\text{Tina}, \text{Paul}), (\text{Eva}, \text{Otto}), (\text{Eva}, \text{Tom}), (\text{Eva}, \text{Paul})\}$

9. $$\mathbb{M}_1 \times \mathbb{M}_2 \times \mathbb{M}_3 = \{(a_1, b_1, c_1),\ (a_1, b_1, c_2),\ (a_1, b_2, c_1),\ (a_1, b_2, c_2),\ (a_1, b_3, c_1),\ (a_1, b_3, c_2),\ (a_2, b_1, c_1),\ (a_2, b_1, c_2),\ (a_2, b_2, c_1),\ (a_2, b_2, c_2),\ (a_2, b_3, c_1),\ (a_2, b_3, c_2)\}.$$

10. a) wahr; b) falsch; c) falsch; d) falsch.

11. a) $<$; b) $<$ oder $>$; c) $>$; d) $=$; e) $>$.

12. a) $]2, 4[$; b) $[0, 2[$; c) $[3, 6]$; d) $\emptyset$; e) $\{x \mid x > 5 \wedge x \in \mathbb{N}\}$

13.

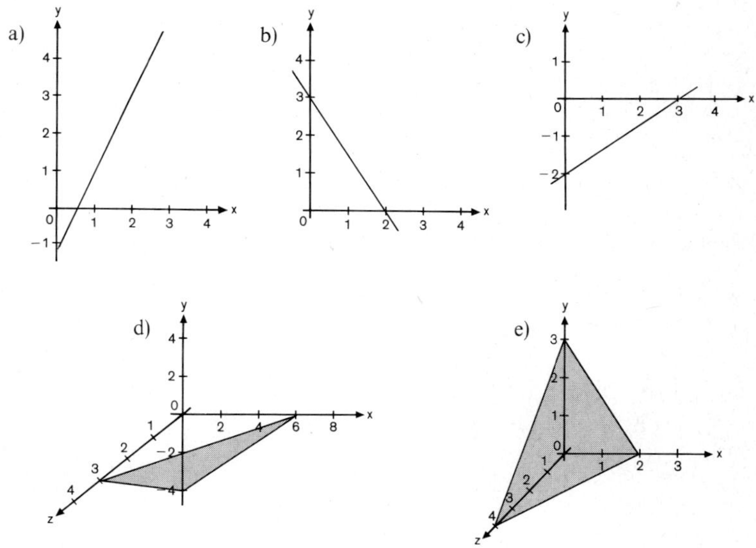

14. a) $y = -3x + 10$ b) $y = -\dfrac{9}{7}x - \dfrac{24}{7}$ c) $2x + 3y + z = 14$ d) $3x + y + z = 6$

15. a) $y = \dfrac{2}{3}x + 2$ b) $y = -\dfrac{3}{7}x + 3$ c) $y = -\dfrac{3}{2}x + 9$ d) $\dfrac{x}{2} + \dfrac{y}{3} + \dfrac{z}{1} = 1$

16.

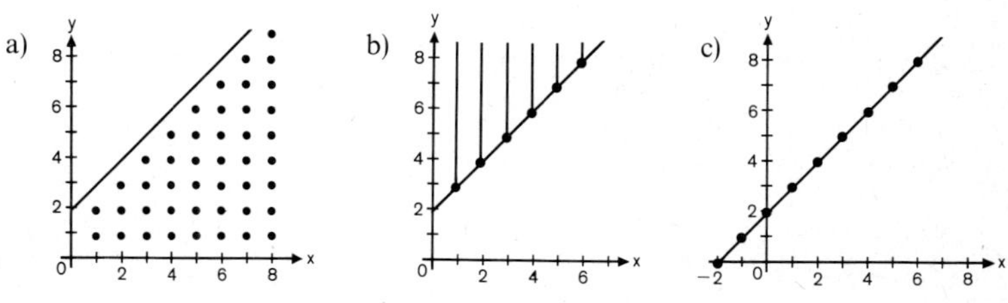

17.

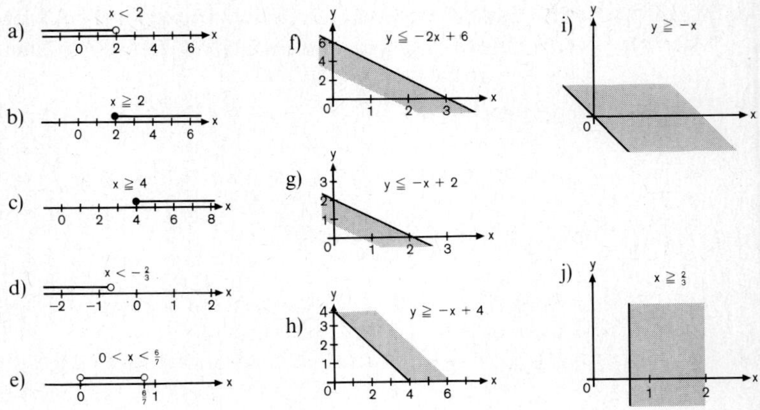

18. a) $x_1 \leqq 6$
$x_2 - x_1 \leqq 5$
$x_1 + x_2 \leqq 7$
$x_1 \quad \leqq 4$

b) $x_1 \geqq 0$
$x_2 \geqq 0$

c) –

d) $x_1 \geqq 0$
$x_2 \geqq 0$
$x_2 \leqq x_1 + 2$
$x_1 \leqq 5$

19. x_1 sei die Anzahl der Fernsehgeräte, x_2 sei die Anzahl der Rundfunkgeräte.

a) $x_1 \geqq 0,\ x_2 \geqq 0$
b) $x_1 + x_2 \leqq 250$
c) $600x_1 + 200x_2 \leqq 6000$
d) $2x_1 \leqq x_2$

20. x_1 sei die Anzahl der Hobelmaschinen
x_2 sei die Anzahl der Fräsmaschinen

$x_1 \geqq 0,\ x_2 \geqq 0$
$x_1 \leqq 5,\ x_2 \leqq 3$
$x_1 + x_2 \leqq 7$
$2x_1 + x_2 \geqq 8$

Gewinn: $Z = (32000 - 12000)\,x_1 + (20000 - 10000)\,x_2 - 80000$
$= 20000x_1 + 10000x_2 - 80000$

x_1	x_2	Z
3	2	$Z_1 = 0$
3	3	$Z_2 = 10000$
4	0	$Z_3 = 0$
4	1	$Z_4 = 10000$
4	2	$Z_5 = 20000$
4	3	$Z_6 = 30000$
5	0	$Z_7 = 20000$
5	1	$Z_8 = 30000$
5	2	$Z_9 = 40000$

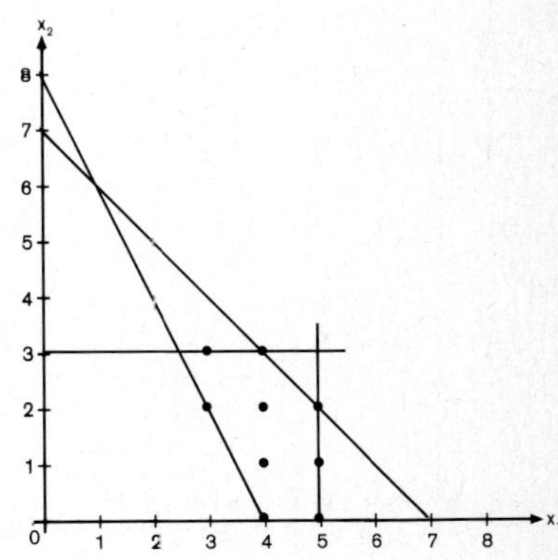

$Z_{Max} = 40000$ für $x_1 = 5,\ x_2 = 2$

21. x_1 sei die Anzahl der dz Roggen,
x_2 sei die Anzahl der dz Weizen,
x_3 sei die Anzahl der dz Gerste.

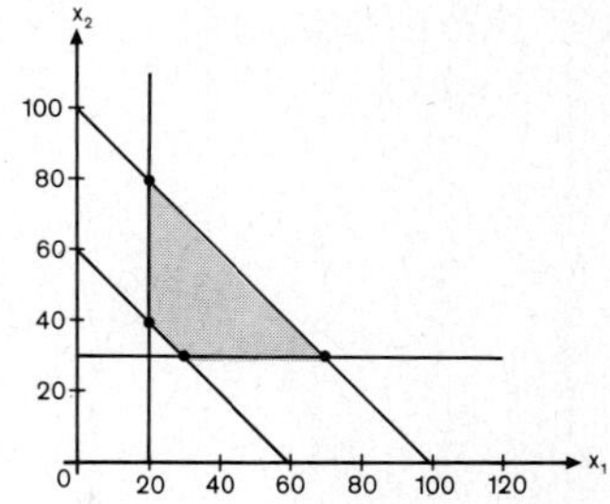

$x_1 \geqq 0,\ x_2 \geqq 0,\ x_3 \geqq 0$ oder	$x_1 \geqq 20$
$x_1 \geqq 20$	$x_2 \geqq 30$
$x_2 \geqq 30$	$x_1 + x_2 \geqq 60$
$x_3 \leqq 40$	$x_1 + x_2 \leqq 100$
$x_1 + x_2 + x_3 = 100$	

a) Das Lösungspolyeder ist farbig dargestellt.
b) Durch die Eckpunkte sind Höchst- und Mindestmengen bestimmt.
c) $Z = 2x_1 + x_2 + 3x_3 = -x_1 - 2x_2 + 300$
$Z_A = 210,\ Z_B = 170, Z_C = 120,\ Z_D = 200.$
d) $P(30|50),\ Q(40|40),\ R(50|40)$
$Z_P = 170,\ Z_Q = 180,\ Z_R = 170.$

22. $\mathbb{A}_1 \cap \mathbb{A}_3 = \emptyset$ $\quad \mathbb{A}_4 \cap \mathbb{A}_1 = \mathbb{A}_1$ $\quad \mathbb{A}_5 \cap \mathbb{A}_4 = \mathbb{A}_3$ $\quad \mathbb{M} \cap \mathbb{A}_3 = \mathbb{A}_3$
$\mathbb{A}_1 \cup \mathbb{A}_3 = \mathbb{A}_4$ $\quad \mathbb{A}_4 \cup \mathbb{A}_1 = \mathbb{A}_4$ $\quad \mathbb{A}_5 \cup \mathbb{A}_4 = \mathbb{M}$ $\quad \mathbb{M} \cup \mathbb{A}_3 = \mathbb{M}$

23. $g_1: x_2 = x_1 + 2$
$g_2: x_2 = -3x_1 + 15$
$g_3: x_2 = -\frac{2}{3}x_1 + 4$

$\mathbb{M}_1: x_2 < x_1 + 2 \wedge x_2 < -3x_1 + 15 \wedge x_2 > -\frac{2}{3}x_1 + 4$

$\mathbb{M}_2: x_2 < x_1 + 2 \wedge x_2 > -3x_1 + 15 \wedge x_2 > -\frac{2}{3}x_1 + 4$

$\mathbb{M}_3: x_2 > x_1 + 2 \wedge x_2 > -3x_1 + 15$

$\mathbb{M}_4: x_2 > x_1 + 2 \wedge x_2 < -3x_1 + 15 \wedge x_2 > -\frac{2}{3}x_1 + 4$

$\mathbb{M}_5: x_2 > x_1 + 2 \wedge x_2 < -\frac{2}{3}x_1 + 4$

$\mathbb{M}_6: x_2 < x_1 + 2 \wedge x_2 < -3x_1 + 15 \wedge x_2 < -\frac{2}{3}x_1 + 4$

$\mathbb{M}_7: x_2 > -3x_1 + 15 \wedge x_2 < -\frac{2}{3}x_1 + 4$

24.

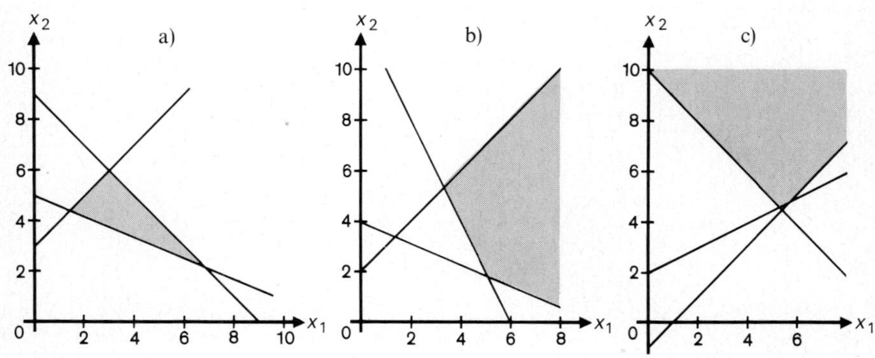

25. a) Schnittmenge ist konvex

b) Schnittmenge hat nur 1 Element. Sie ist konvex

c) Schnittmenge ist die leere Menge. Sie ist konvex.

$$\underbrace{\underbrace{P_1 \in \mathbb{M} \wedge P_2 \in \mathbb{M}}_{\text{falsch}} \rightarrow \overline{P_1 P_2} \in \mathbb{M}}_{\text{wahr}}$$

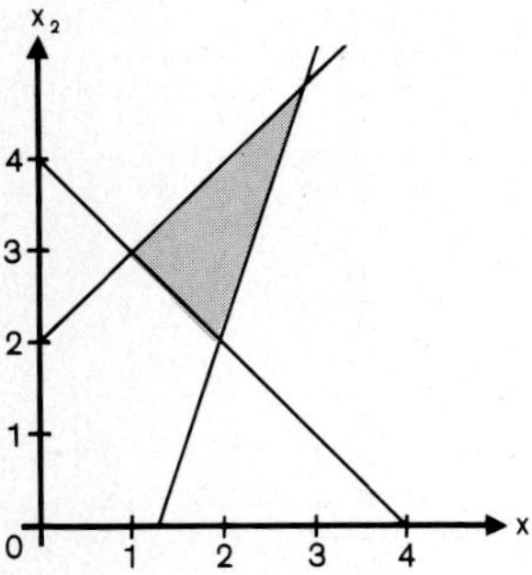

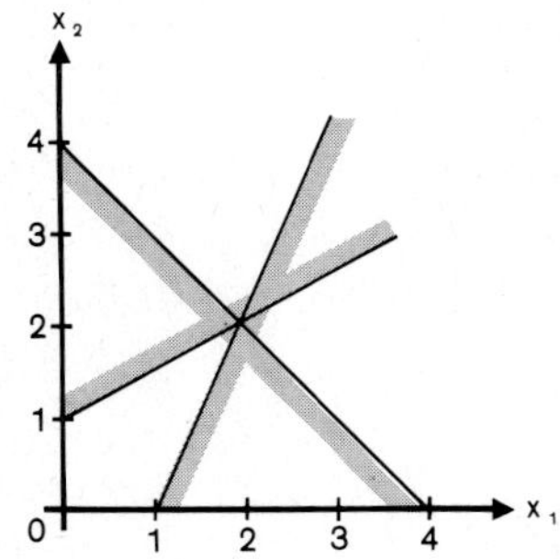

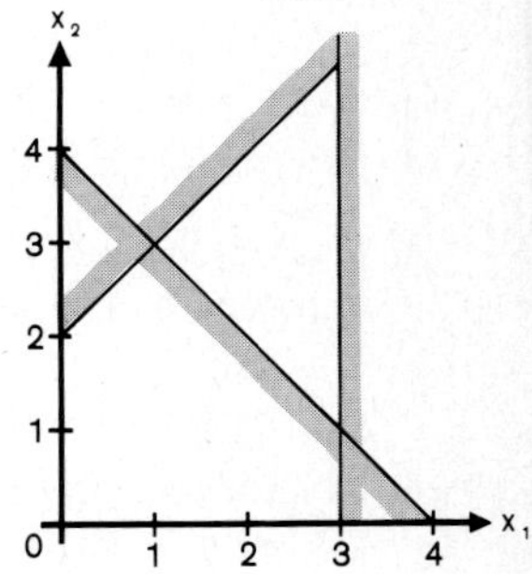

26.
$$x_2 \leqq -\frac{4}{3} x_1 + \frac{22}{3}$$
$$x_2 \leqq \frac{5}{3} x_1 + \frac{13}{3}$$
$$x_2 \geqq -6 \ x_1 - 11$$
$$x_2 \geqq -\frac{1}{3} x_1 - \frac{16}{3}$$
$$x_2 \geqq -4 \ x_1 - 14$$

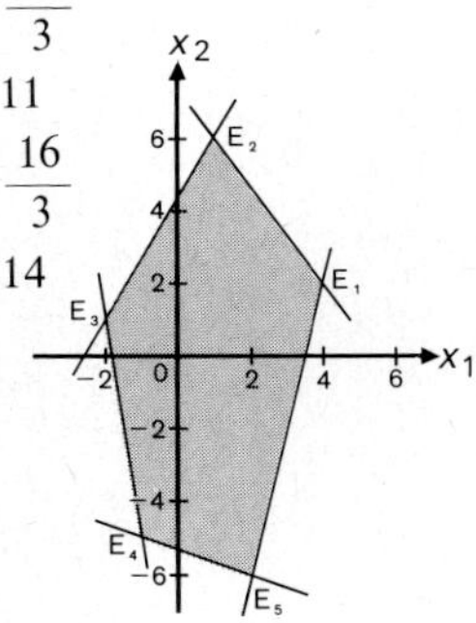

27.

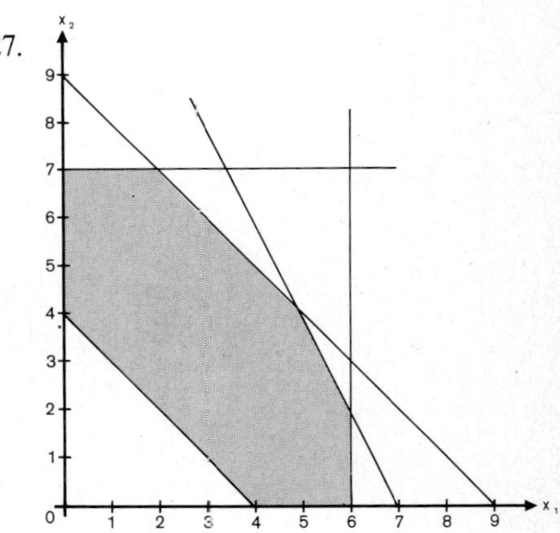

Seite 54–59 (Aufgaben)

1. a)

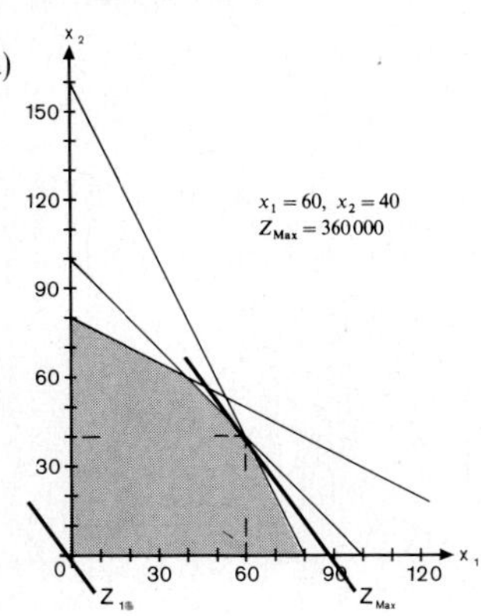

b)

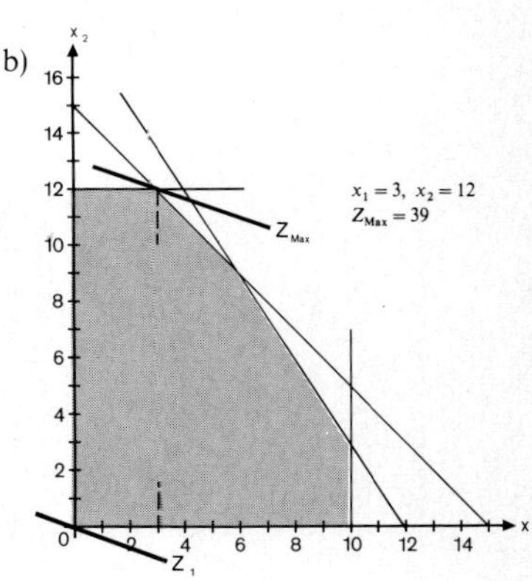

c)

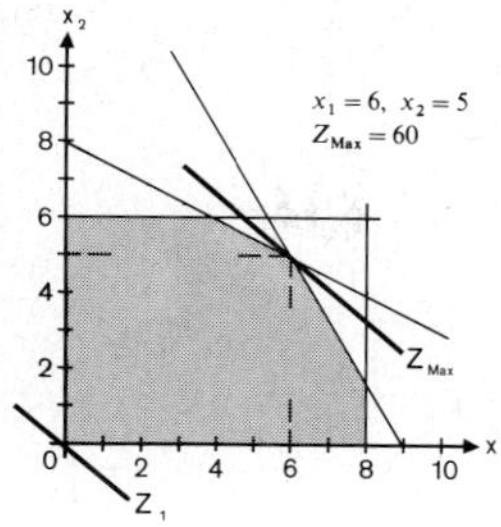
$x_1 = 6,\ x_2 = 5$
$Z_{Max} = 60$
Z_{Max}
Z_1

d)

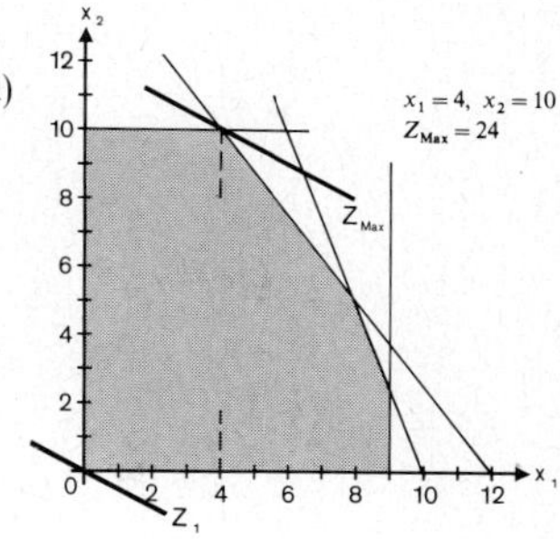
$x_1 = 4,\ x_2 = 10$
$Z_{Max} = 24$
Z_{Max}
Z_1

e)

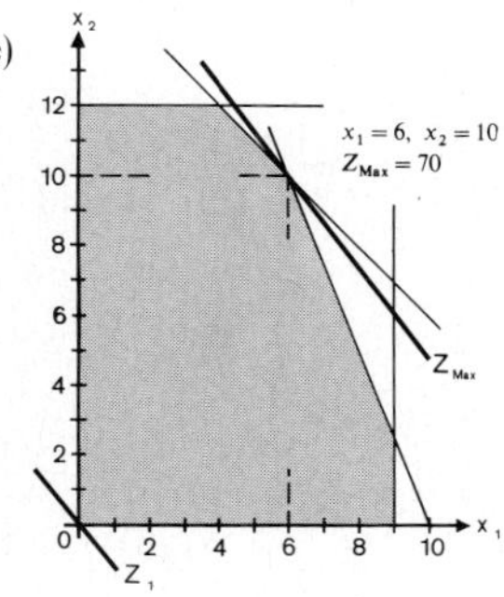
$x_1 = 6,\ x_2 = 10$
$Z_{Max} = 70$
Z_{Max}
Z_1

f)

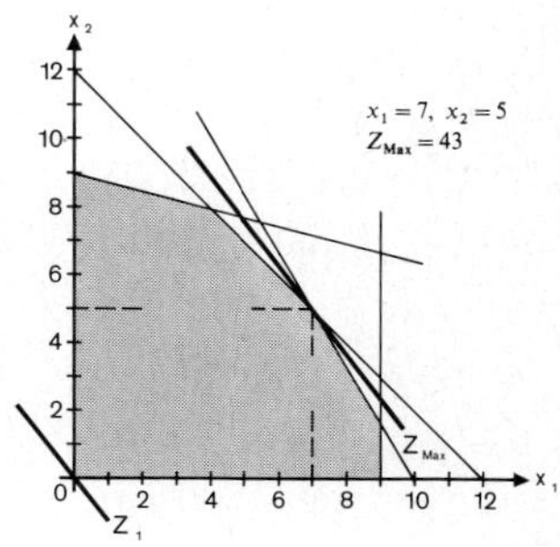
$x_1 = 7,\ x_2 = 5$
$Z_{Max} = 43$
Z_{Max}
Z_1

2.

a)

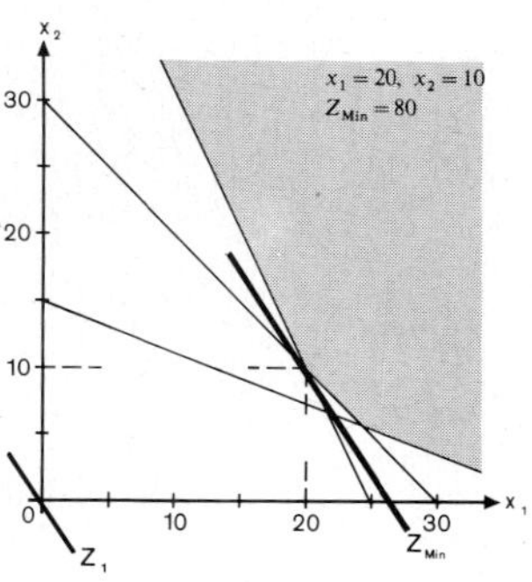
$x_1 = 20,\ x_2 = 10$
$Z_{Min} = 80$
Z_{Min}
Z_1

b)

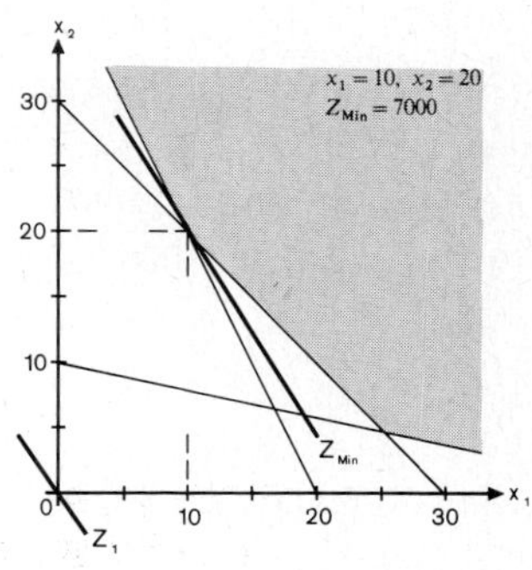
$x_1 = 10,\ x_2 = 20$
$Z_{Min} = 7000$
Z_{Min}
Z_1

c)

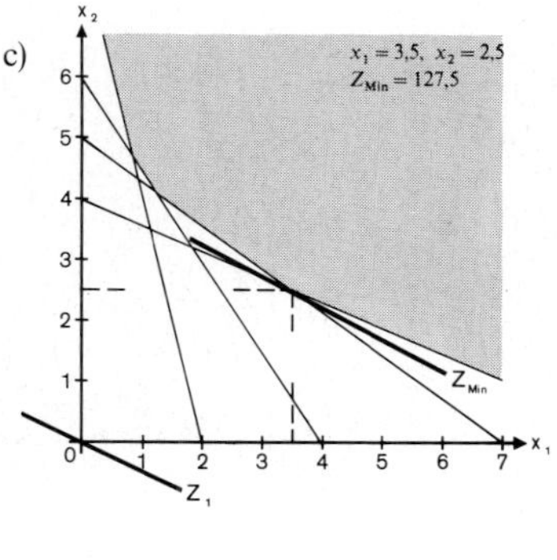
$x_1 = 3,5,\ x_2 = 2,5$
$Z_{Min} = 127,5$
Z_{Min}
Z_1

d)

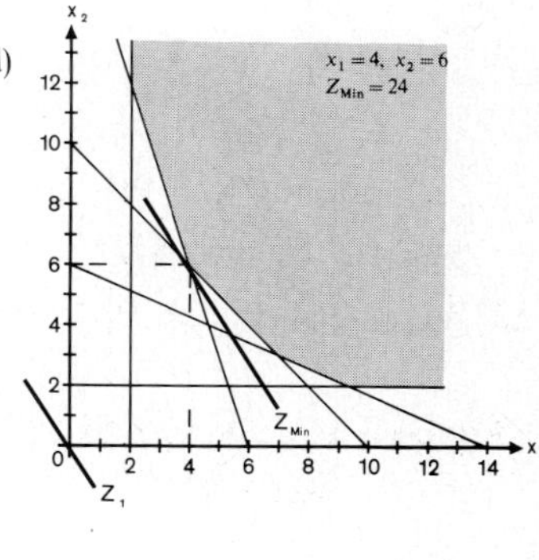
$x_1 = 4,\ x_2 = 6$
$Z_{Min} = 24$
Z_{Min}
Z_1

e)

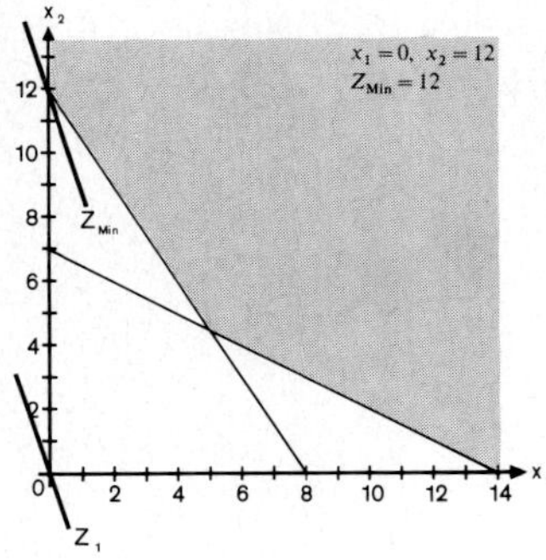

f)

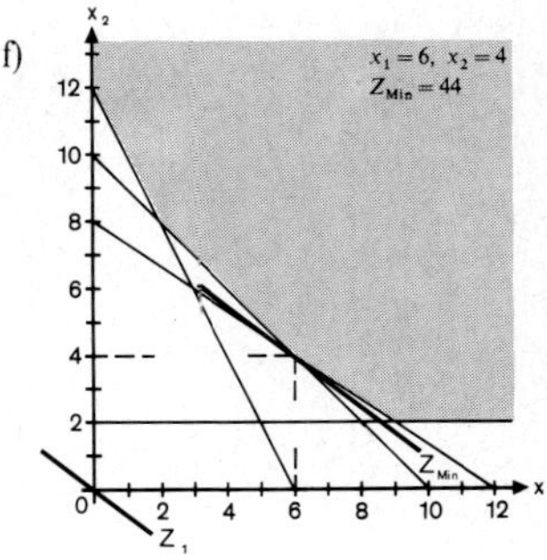

3. x_1 sei die Anzahl der Kühe,
x_2 sei die Anzahl der Stücke Jungvieh.

1. $x_1 \geqq 0, \quad x_2 \geqq 0$
2. $x_1 \leqq 70$

   $x_2 \leqq 500$

   $0{,}25x_1 + 0{,}10x_2 \leqq 50$

   $100x_1 + 10x_2 \leqq 8000$
3. $400x_1 + 50x_2 = Z \to \text{Max}.$

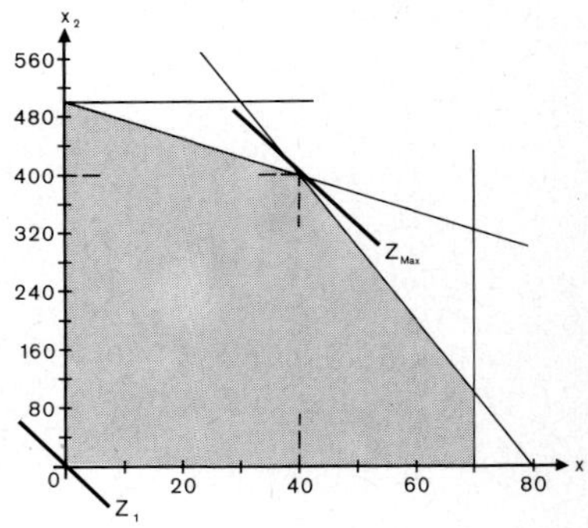

Ergebnis: $x_1 = 40,\ x_2 = 400$
$Z_{\text{Max}} = 36000$

4. x_1 sei die Anzahl der Morgen Erbsen,
x_2 sei die Anzahl der Morgen Stangenbohnen.

1. $x_1 \geqq 0, \quad x_2 \geqq 0$
2. $x_1 + x_2 \leqq 30$

   $x_1 + 2x_2 \leqq 50$

   $200x_1 + 100x_2 \leqq 5000$
3. $200x_1 + 300x_2 = Z \to \text{Max}.$

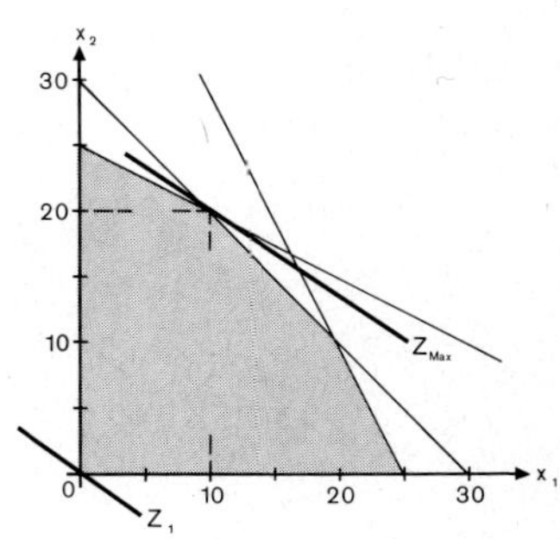

Ergebnis: $x_1 = 10,\ x_2 = 20$
$Z_{\text{Max}} = 8000$

5. x_1 sei die Menge in g, die von P_1,
x_2 sei die Menge in g, die von P_2 gewählt werden müssen.

1. $x_1 \geqq 0, \quad x_2 \geqq 0$
2. $0{,}10x_1 + 0{,}15x_2 \geqq 1{,}5$
   $20x_1 + 10x_2 \geqq 150$
   $x_1 + 4x_2 \geqq 20$
3. $0{,}1x_1 + 0{,}2x_2 = Z \rightarrow \text{Min}.$

Ergebnis: $x_1 = 12, \; x_2 = 2$
$Z_{\text{Min}} = 1{,}60$

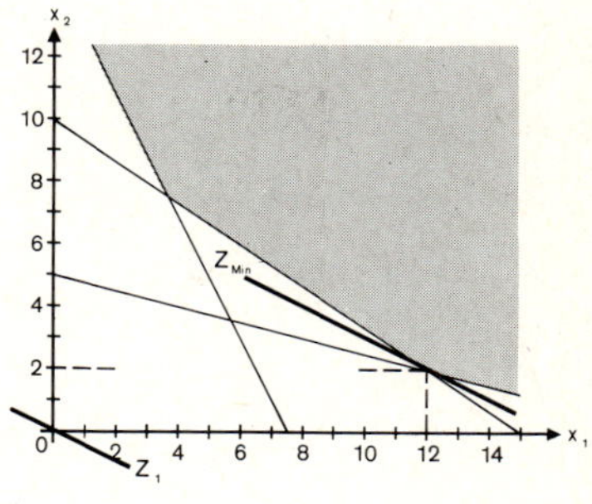

6. x_1 sei die Menge in kg vom Schlafmittel „Schlafgut“,
x_2 sei die Menge in kg vom Schlafmittel „Schlafwohl“.

1. $x_1 \geqq 0, \quad x_2 \geqq 0$
2. $x_1 + 2x_2 \leqq 28$
   $x_1 + x_2 \leqq 20$
   $x_1 \leqq 16$
   $x_2 \leqq 12$
3. $150x_1 + 100x_2 = Z \rightarrow \text{Max}.$

Ergebnis: $x_1 = 16, \; x_2 = 4$
$Z_{\text{Max}} = 2800$

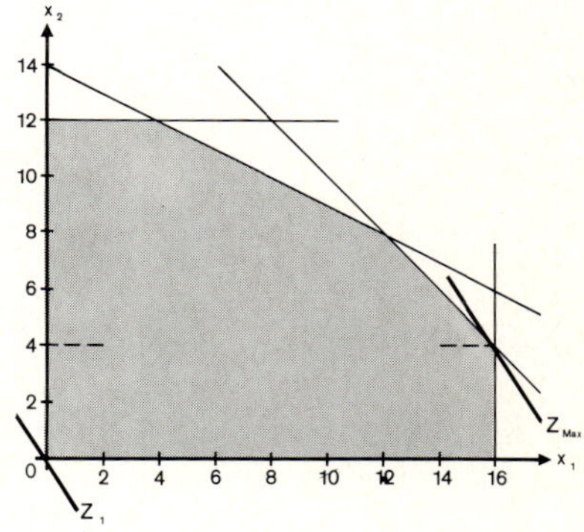

7. x_1 Tage werde in Grube G_1,
x_2 Tage werde in Grube G_2 Erz gefördert.

1. $x_1 \geqq 0, \quad x_2 \geqq 0$
2. $2x_1 + x_2 \geqq 8$
   $x_1 + x_2 \geqq 6$
   $x_1 + 4x_2 \geqq 12$
3. $100x_1 + 200x_2 = Z \rightarrow \text{Min}.$

Ergebnis: $x_1 = 4, \; x_2 = 2$
$Z_{\text{Min}} = 800$

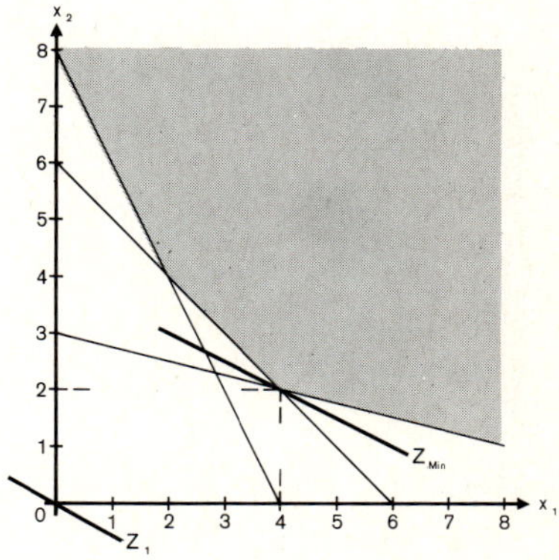

8. x_1 sei die Menge der ersten Mischung,
x_2 sei die Menge der zweiten Mischung in Kilogramm.

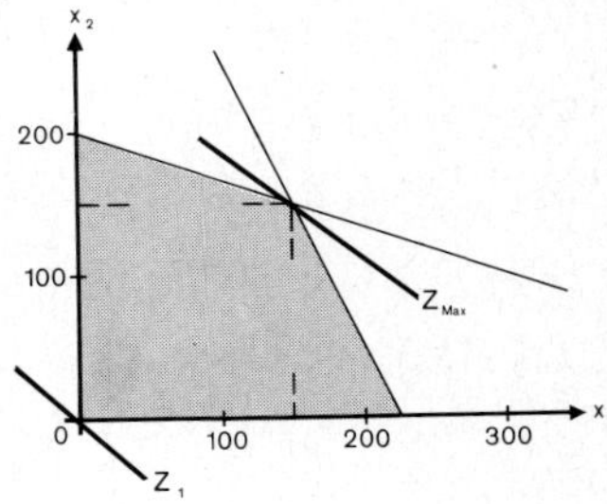

1. $x_1 \geqq 0,\ x_2 \geqq 0$
2. $0{,}2x_1 + 0{,}6x_2 \leqq 120$
   $0{,}8x_1 + 0{,}4x_2 \leqq 180$
3. $12x_1 + 16x_2 = Z \to \text{Max}.$

Ergebnis: $x_1 = 150,\ x_2 = 150$
$Z_{\text{Max}} = 4200$

9. x_1 sei die Anzahl der zweistöckigen,
x_3 sei die Anzahl der dreistöckigen Häuser.

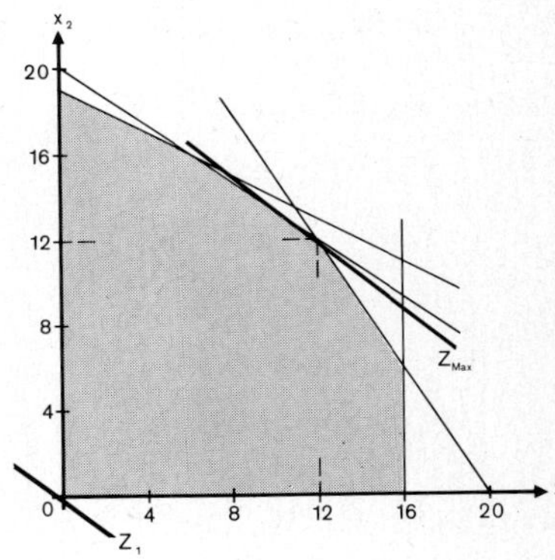

1. $x_1 \geqq 0,\ x_2 \geqq 0$
2. $200000x_1 + 300000x_2 \leqq 6000000$
   $600x_1 + 400x_2 \leqq 12000$
   $6000x_1 + 12000x_2 \leqq 228000$
   $x_1 \leqq 16$
3. $15x_1 + 21x_2 = Z \to \text{Max}.$

Ergebnis: $x_1 = 12,\ x_2 = 12$
$Z_{\text{Max}} = 432$

10. x_1 t seien von Erzsorte E_1,
x_2 t seien von Erzsorte E_2 notwendig.

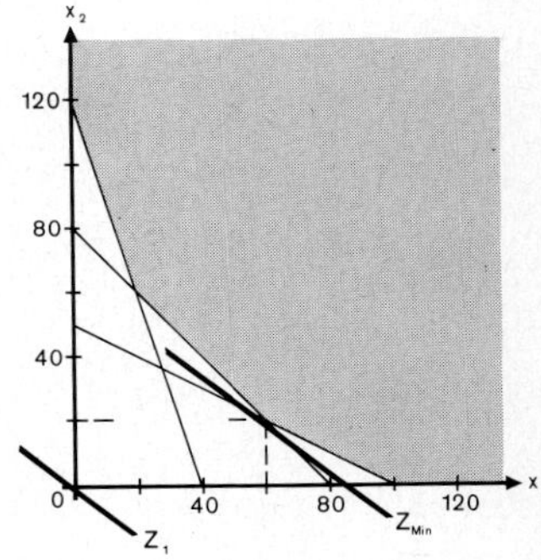

1. $x_1 \geqq 0,\ x_2 \geqq 0$
2. $0{,}1x_1 + 0{,}2x_2 \geqq 10$
   $0{,}3x_1 + 0{,}1x_2 \geqq 12$
   $0{,}1x_1 + 0{,}1x_2 \geqq 8$
3. $12x_1 + 16x_2 = Z \to \text{Min}.$

Ergebnis: $x_1 = 60,\ x_2 = 20$
$Z_{\text{Min}} = 1040$

11. x_1 Ladungen mit Volldünger I,
x_2 Ladungen mit Volldünger II seien notwendig.

1. $x_1 \geqq 0,\ x_2 \geqq 0$
2. $4x_1 + 2x_2 \geqq 12$
   $3x_1 + 3x_2 \geqq 12$
   $3x_1 + 6x_2 \geqq 15$
3. $120x_1 + 80x_2 = Z \rightarrow \text{Min}.$

Ergebnis: $x_1 = 2,\ x_2 = 2$
$Z_{\text{Min}} = 400$

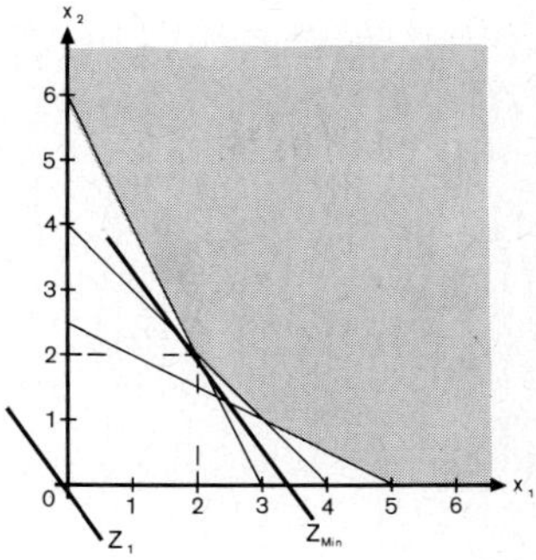

12. x_1 Tage werde in Raffinerie A,
x_2 Tage werde in Raffinerie B gearbeitet.

1. $x_1 \geqq 0,\quad x_2 \geqq 0$
2. $400x_1 + 1000x_2 \geqq 64000$
   $100x_1 + 100x_2 \geqq 12000$
   $200x_1 + 100x_2 \geqq 16000$
3. $4000x_1 + 3000x_2 = Z \rightarrow \text{Min}.$

Ergebnis: $x_1 = 40,\ x_2 = 80$
$Z_{\text{Min}} = 400000$

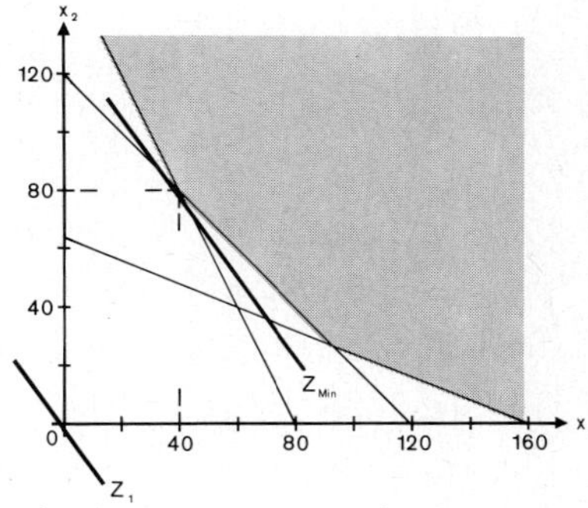

13. x_1 sei die Anzahl, die von G_1,
x_2 sei die Anzahl, die von G_2 täglich hergestellt werden.

1. $x_1 \geqq 0,\ x_2 \geqq 0$
2. $4x_1 + 5x_2 \leqq 60$
   $2x_1 + x_2 \leqq 18$
   $x_1 \leqq 7$
   $x_2 \leqq 10$
3. $8x_1 + 5x_2 = Z \rightarrow \text{Max}.$

Ergebnis: $x_1 = 5,\ x_2 = 8$
$Z_{\text{Max}} = 80$

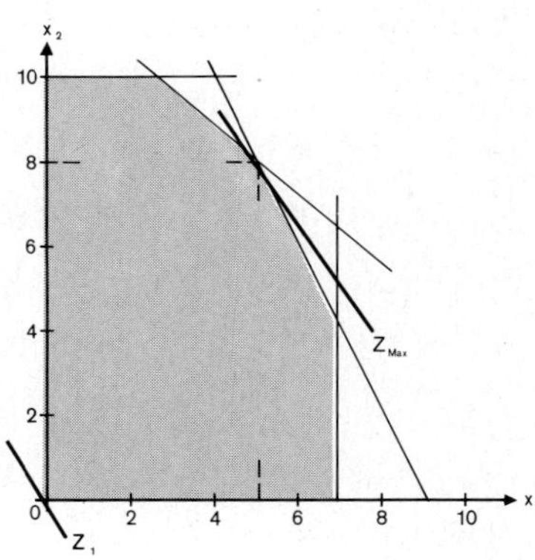

14. x_1 sei die Anzahl der Anzüge,
x_2 sei die Anzahl der Kleider.

1. $x_1 \geqq 0, \quad x_2 \geqq 0$
2. $3x_1 + 2\frac{1}{2}x_2 \leqq 50$

$$1\frac{3}{4}x_1 + 2\frac{1}{2}x_2 \leqq 37\frac{1}{2}$$

$$x_1 \leqq 13$$

$$x_2 \leqq 10$$

3. $40x_1 + 50x_2 = Z \rightarrow \text{Max}.$

Ergebnis: $x_1 = 10, \; x_2 = 8$
$Z_{\mathbf{Max}} = 800$

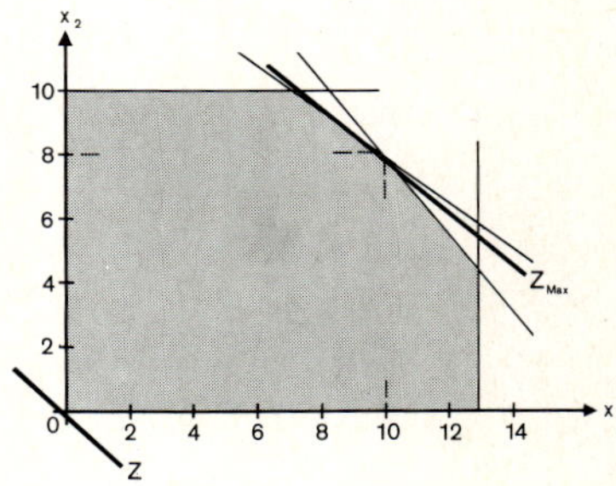

15. x_1 sei die Anzahl der Geräte vom Typ *A*,
x_2 sei die Anzahl der Geräte vom Typ *B*.

1. $x_1 \geqq 0, \quad x_2 \geqq 0$
2. $x_1 \geqq 5$

$$x_2 \geqq 8$$

$$x_1 \leqq 30$$

$$x_2 \leqq 30$$

$$x_1 + x_2 \leqq 50$$

3a) $100x_1 + 150x_2 = Z_a \rightarrow \text{Max}$

3b) $150x_1 + 100x_2 = Z_b \rightarrow \text{Max}$

Ergebnisse: $x_1 = 20, \; x_2 = 30, \; Z_a = 6500$
$x_1 = 30, \; x_2 = 20, \; Z_b = 6500$

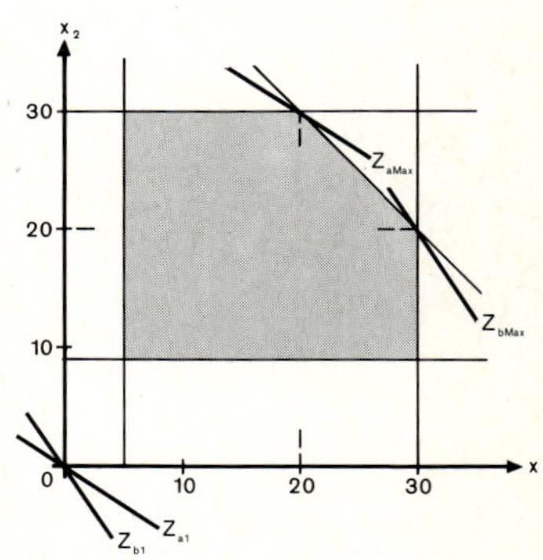

16. x_1 sei die Anzahl der Wohnwagen vom Typ *A*,
x_2 sei die Anzahl der Wohnwagen vom Typ *B*,
x_3 sei die Anzahl der Wohnwagen vom Typ *C*.

1. $x_1 \geqq 0, \; x_2 \geqq 0, \; x_3 \geqq 0$
2. $40x_1 + 60x_2 + 20x_3 \leqq 11\,200$

$$80x_1 + 60x_2 + 40x_3 \leqq 17\,600$$

$$x_1 + x_2 + x_3 = 300$$

$$x_1 \leqq 120$$

$$x_2 \leqq 100$$

3. $400x_1 + 500x_2 + 200x_3 = Z \rightarrow \text{Max}$

oder

1. $x_1 \geqq 0,\ x_2 \geqq 0$

2.
$$\begin{aligned} x_1 + \ \ 2x_2 &\leqq 260 \\ 2x_1 + \ \ \ x_2 &\leqq 280 \\ x_1 + \ \ \ x_2 &\leqq 300 \\ x_1 \qquad &\leqq 120 \\ x_2 &\leqq 100 \end{aligned}$$

3. $200x_1 + 300x_2 + 60\,000 = Z \rightarrow \text{Max}.$

Ergebnis: $x_1 = 100,\ x_2 = 80,\ x_3 = 120$
$Z_{\text{Max}} = 104\,000$

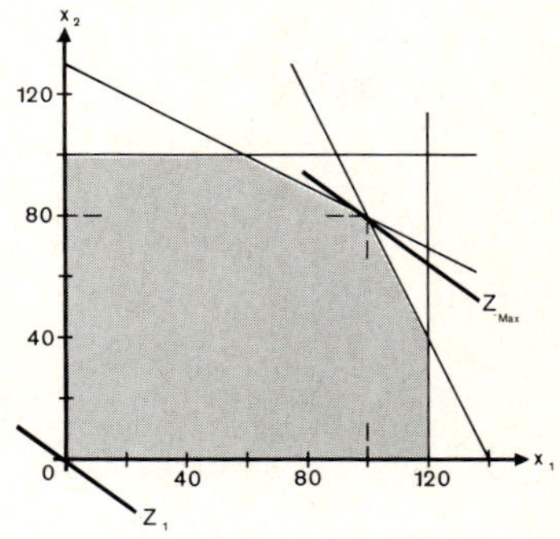

Seite 71–73 (Aufgaben)

1. a)

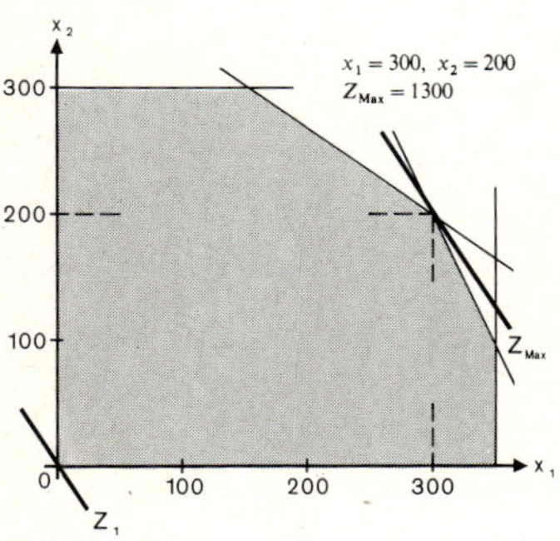

b)

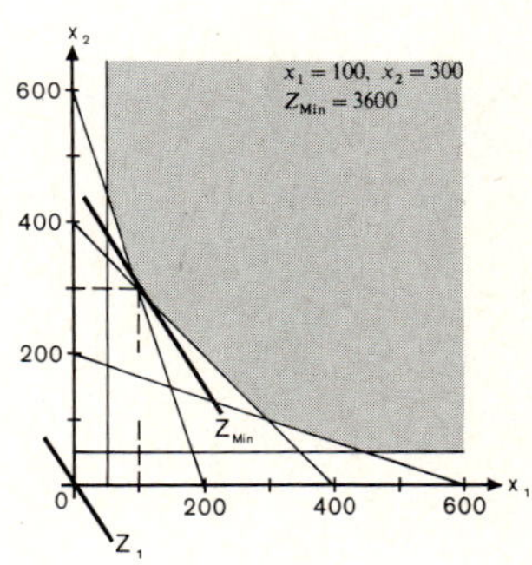

2. a)

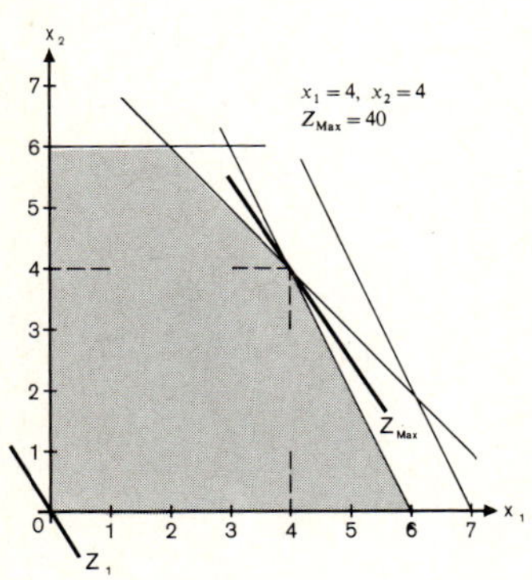

„$2x_1 + x_2 \leqq 14$" ist überflüssig

b)

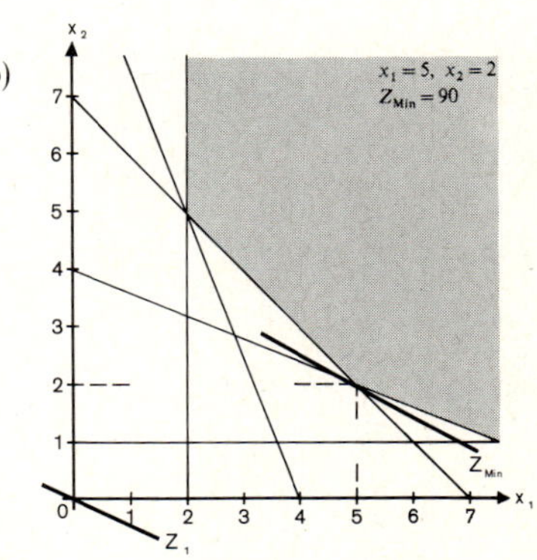

„$5x_1 + 2x_2 \geqq 20$" und Nicht-Negativitätsbedingungen sind überflüssig.

3. a)

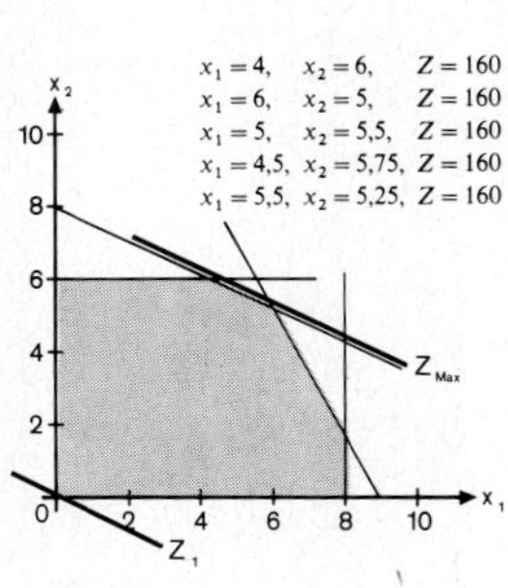

b)

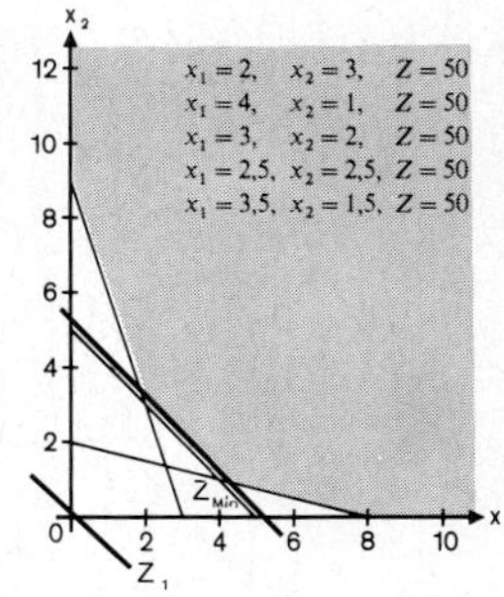

4. a)

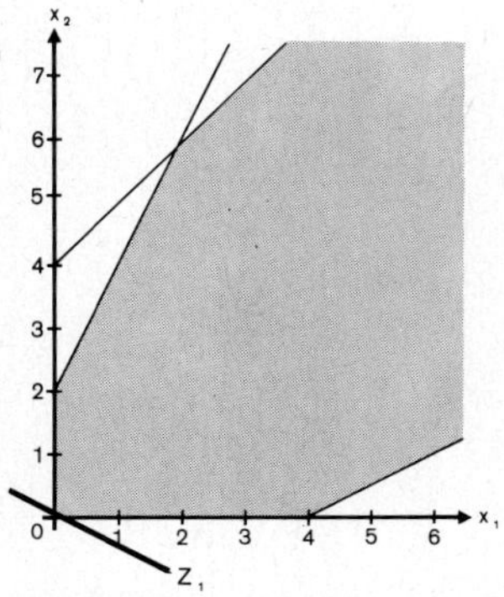

Es gibt keine optimale Lösung.

b)

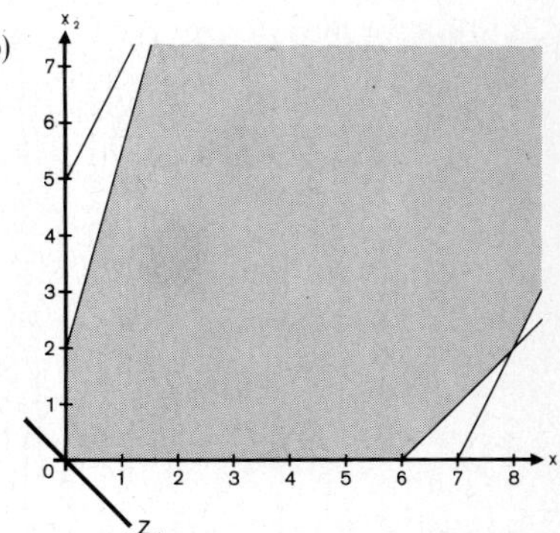

Es gibt keine optimale Lösung.

5. a)

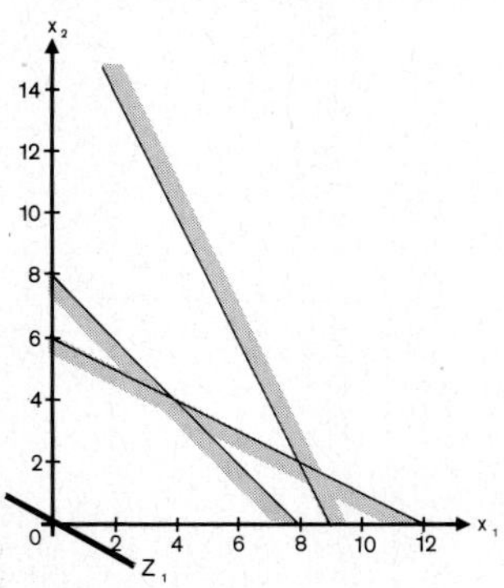

b)

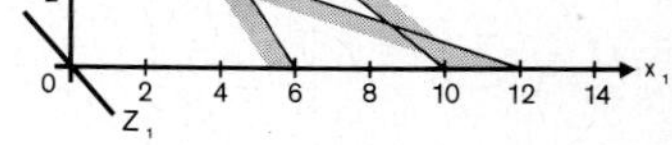

Der Durchschnitt der einschränkenden Bedingungen ist leer.

6. a)

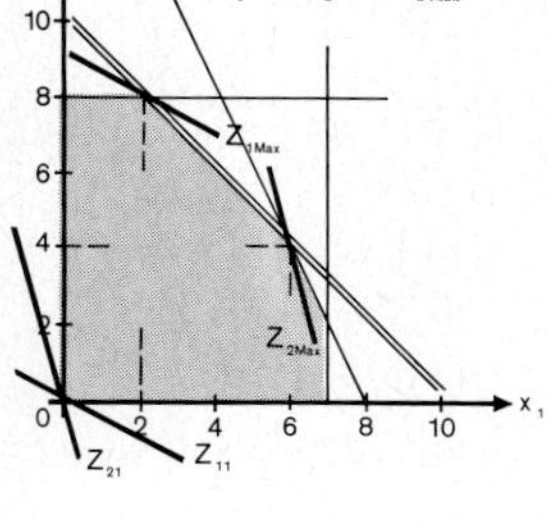

b)

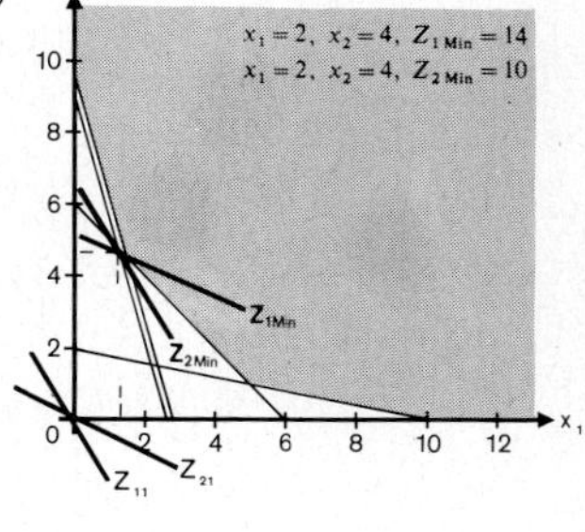

7. a)

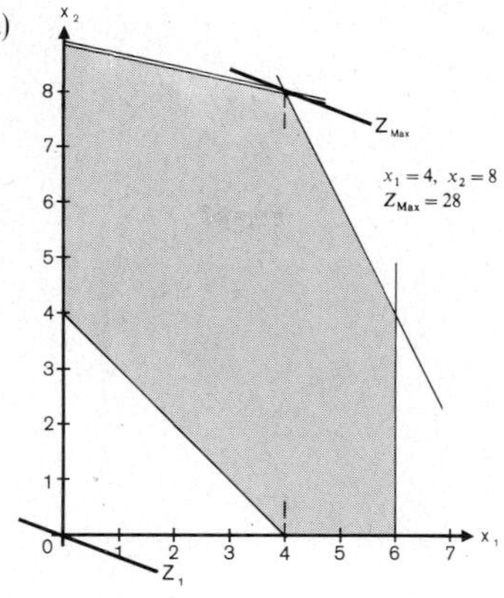

b)

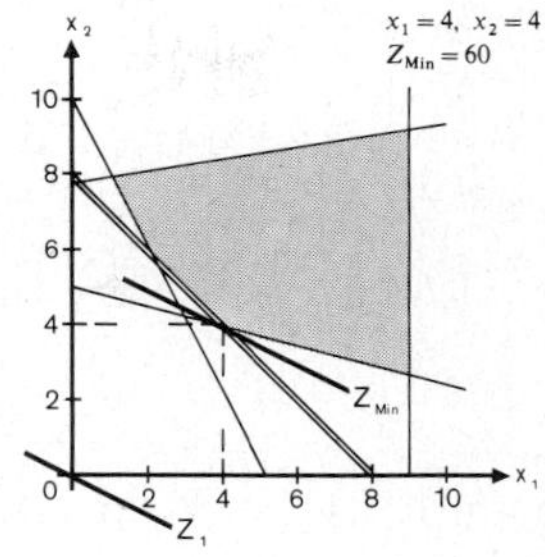

8. a)

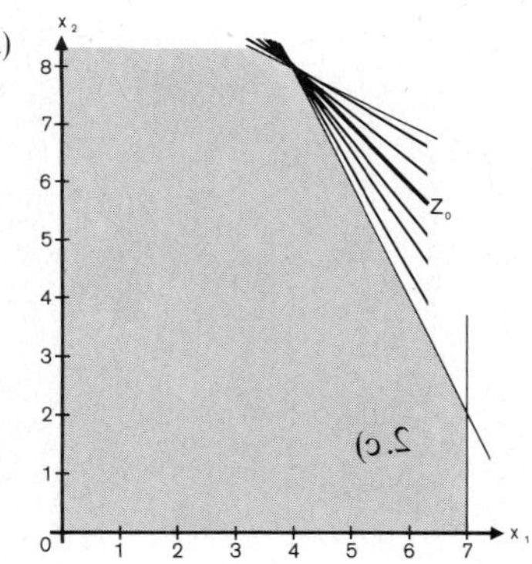

$$\frac{1}{2} \leqq \frac{10+p}{10} \leqq 2; \quad -5 \leqq p \leqq 10$$

b)

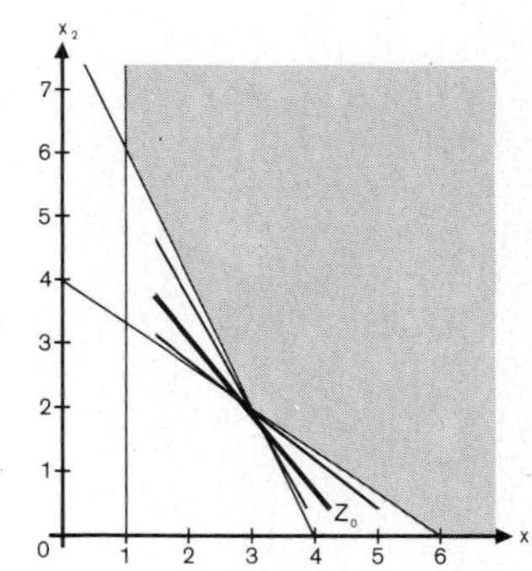

$$\frac{2}{3} \leqq \frac{5+p}{5} \leqq 2; \quad -\frac{5}{3} \leqq p \leqq 5$$

9. a)

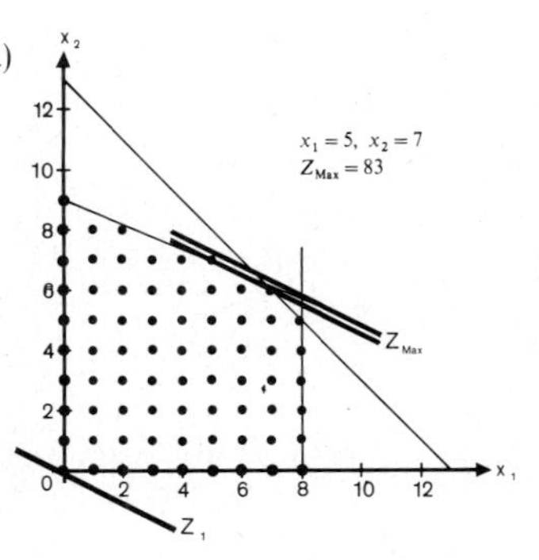

b)

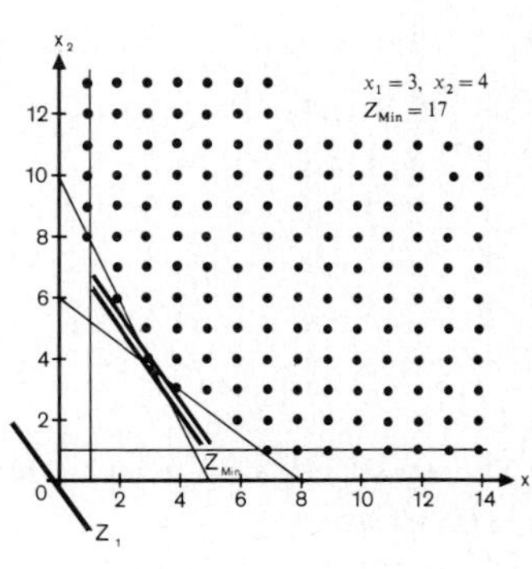

1\. a)

$$\begin{aligned}
x_1 &= k\cdot x_1'' + (1-k)\,x_1' = k(-4) + (1-k)\cdot 2 = 2 - 6k\\
x_2 &= k\cdot x_2'' + (1-k)\,x_2' = k\cdot 6 + (1-k)\cdot 4 = 4 + 2k\\
x_3 &= k\cdot x_3'' + (1-k)\,x_3' = k\cdot 2 + (1-k)\cdot 7 = 7 - 5k\\
x_4 &= k\cdot x_4'' + (1-k)\,x_4' = k\cdot 8 + (1-k)\cdot 3 = 3 + 5k\\
x_5 &= k\cdot x_5'' + (1-k)\,x_5' = k(-4) + (1-k)\cdot 6 = 6 - 10k\\
x_6 &= k\cdot x_6'' + (1-k)\,x_6' = k\cdot 6 + (1-k)(-8) = -8 + 14k \wedge 0 \leqq k \leqq 1
\end{aligned}$$

b)

$$\begin{aligned}
x_1 &= 0{,}5\cdot(-4) + 0{,}5\cdot 2 = -1\\
x_2 &= 0{,}5\cdot 6 + 0{,}5\cdot 4 = 5\\
x_3 &= 0{,}5\cdot 2 + 0{,}5\cdot 7 = 4{,}5\\
x_4 &= 0{,}5\cdot 8 + 0{,}5\cdot 3 = 5{,}5\\
x_5 &= 0{,}5\cdot(-4) + 0{,}5\cdot 6 = 1\\
x_6 &= 0{,}5\cdot 6 + 0{,}5\cdot(-8) = -1
\end{aligned}$$

$M(-1;\ 5;\ 4{,}5;\ 5{,}5;\ 1;\ -1)$

c) $k = \frac{1}{3},\ 1-k = \frac{2}{3}$

$T\left(0;\ \frac{14}{3};\ \frac{16}{3};\ \frac{14}{3};\ \frac{8}{3};\ \frac{-10}{3}\right)$

$$\begin{aligned}
x_1 &= \tfrac{1}{3}\cdot(-4) + \tfrac{2}{3}\cdot 2 = 0 & x_4 &= \tfrac{1}{3}\cdot 8 + \tfrac{2}{3}\cdot 3 = \tfrac{14}{3}\\
x_2 &= \tfrac{1}{3}\cdot 6 + \tfrac{2}{3}\cdot 4 = \tfrac{14}{3} & x_5 &= \tfrac{1}{3}\cdot(-4) + \tfrac{2}{3}\cdot 6 = \tfrac{8}{3}\\
x_3 &= \tfrac{1}{3}\cdot 2 + \tfrac{2}{3}\cdot 7 = \tfrac{16}{3} & x_6 &= \tfrac{1}{3}\cdot 6 + \tfrac{2}{3}\cdot(-8) = \tfrac{-10}{3}
\end{aligned}$$

2\.

$$\begin{aligned}
x_1 &= k\cdot x_1'' + (1-k)\cdot x_1' = k\cdot 4 + (1-k)\cdot 2 = 2 + 2k\\
x_2 &= k\cdot x_2'' + (1-k)\cdot x_2' = k\cdot 5 + (1-k)\cdot 5 = 5\\
x_3 &= k\cdot x_3'' + (1-k)\cdot x_3' = k(-3) + (1-k)\cdot 7 = 7 - 10k\\
x_4 &= k\cdot x_4'' + (1-k)\cdot x_4' = k(-8) + (1-k)\cdot 6 = 6 - 14k \wedge k \in \mathbb{R}
\end{aligned}$$

3\.

$$\begin{aligned}
& 2x_1 - 4x_2 + x_3 + 2x_4 - x_5 + 3x_6 + x_7 \leqq 20\\
P_1:\ & 2\cdot 0 - 4\cdot 0 + 0 + 2\cdot 0 - 0 + 3\cdot 0 + 0 \leqq 20\\
P_2:\ & 2\cdot 1 - 4\cdot 1 + 1 + 2\cdot 1 - 1 + 3\cdot 1 + 1 \leqq 20\\
P_3:\ & 2\cdot 2 - 4\cdot 4 + 3 + 2\cdot 1 - (-6) + 3\cdot 2 + 4 \leqq 20\\
P_4:\ & 2\cdot 3 - 4\cdot(-2) + 1 + 2\cdot 0 - 4 + 3\cdot 5 + (-6) = 20\\
P_5:\ & 2\cdot 4 - 4\cdot 2 + 6 + 2\cdot 5 - 3 + 3\cdot 4 + 1 \geqq 20\\
P_6:\ & 2\cdot 2 - 4\cdot 8 + 4 + 2\cdot 3 - (-5) + 3\cdot 6 + 7 \leqq 20
\end{aligned}$$

P_1, P_2, P_3, P_6 sind innere Punkte, P_4 ist ein Randpunkt, P_5 ist ein äußerer Punkt des Halbraumes.

4. Der Beweis wird analog zu dem Beweis in Abschnitt 3.1.3.2 geführt.

Schritt 1: Es wird gezeigt, daß der minimale Wert in mindestens einem Randpunkt auftritt:

$P'(x_1', x_2', \ldots, x_n')$ und $P''(x_1'', x_2'', \ldots, x_n'')$ seien zwei verschiedene Randpunkte. Sie bestimmen eine Strecke. Ein beliebiger Punkt P der Strecke hat die Koordinaten: $x_1 = k x_1'' + (1-k) x_1', x_2 = k x_2'' + (1-k) x_2', \ldots, x_n = k x_n'' + (1-k) x_n'!$

Diese Werte setzen wir in die Zielfunktion $Z = c_1 x_1 + c_2 x_2 + \cdots + c_n x_n$ ein.

Durch Ordnen und Ausklammern folgt:

$$\begin{aligned} Z = kZ'' + (1-k)Z' \wedge Z'' &= c_1 x_1'' + c_2 x_2'' + \cdots + c_n x_n'' \\ \wedge Z' &= c_1 x_1' + c_2 x_2' + \cdots + c_n x_n' \\ \wedge 0 &\leqq k \leqq 1. \end{aligned}$$

Es gibt 3 Möglichkeiten

α) $Z' = Z''$ β) $Z' < Z''$ γ) $Z' > Z''$.

Fall α) $Z' = Z''$; $Z - Z' = k(Z'' - Z') = k \cdot 0 = 0$. Also: $Z = Z' = Z''$. Für alle Punkte der Strecke ist der entsprechende Wert der Zielfunktion gleich.

Fall β: $Z - Z' = k(Z'' - Z')$

$Z' - Z = k(Z' - Z'')$. Es ist nach Vor. $Z' - Z'' < 0$. Also ist

$Z' - Z < 0$, d. h. $Z' < Z$.

Für alle Punkte der Strecke mit Ausnahme des Randpunktes P′ hat die Zielfunktion Z einen größeren Wert als im Randpunkt P′.

Fall γ: $Z - Z'' = (1-k)(Z' - Z'')$

$Z'' - Z = (1-k)(Z'' - Z')$.

Da $1 - k > 0$ und nach Vor. $Z' > Z''$ ist, folgt $Z'' - Z < 0$, d. h. $Z'' < Z$. Die Zielfunktion erreicht ihr Minimum auch in diesem Fall in einem Randpunkt.

Schritt 2: Wenn es nur einen minimalen Wert der Zielfunktion gibt, so wird dieser für einen Eckpunkt angenommen. Wäre das nicht so, so könnte man durch den Punkt eine im Rand enthaltene Strecke angeben. Dann gilt die gleiche Überlegung wie in Schritt 1.

5.

Punkte	x_1	x_2	Zul. Lösung	$Z = 4x_1 + 3x_2$
A	0	0	nein	—
B	3	0	nein	—
C	10	0	nein	—
D	14	0	ja	56
E	6	4	ja	36
F	3	5,5	nein	—
G	0	7	nein	—
H	0	10	nein	—
J	3	7	ja	33

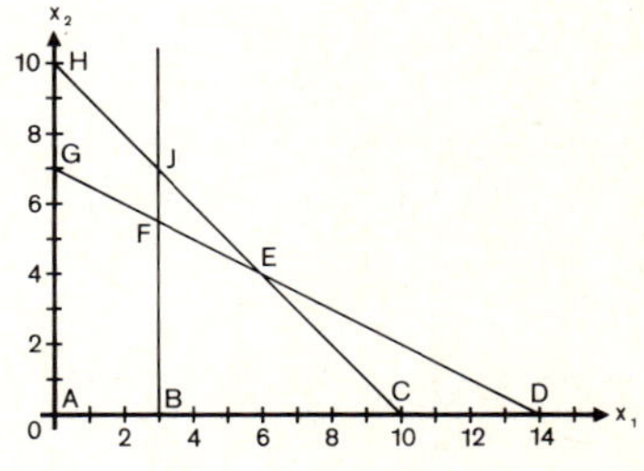

Ergebnis: $x_1 = 3$, $x_2 = 7$; $Z_{Min} = 33$.

Seite 108–111 (Aufgaben)

1.a) Ergebnis: $x_1 = 60$, $x_2 = 40$, $Z_{\text{Max}} = 360000$

BV	x_1	x_2	u_1	u_2	u_3	b_i	q_i
u_1	1	1	1	0	0	100	100
$\leftarrow u_2$	②	1	0	1	0	160	80
u_3	1	2	0	0	1	160	160
Z_1	4000	3000	0	0	0	0	
$\leftarrow u_1$	0	$\textcircled{\frac{1}{2}}$	1	$-\frac{1}{2}$	0	20	40
$\rightarrow x_1$	1	$\frac{1}{2}$	0	$\frac{1}{2}$	0	80	160
u_3	0	$\frac{3}{2}$	0	$-\frac{1}{2}$	1	80	$\frac{160}{3}$
Z_2	0	1000	0	-2000	0	-320000	
$\rightarrow x_2$	0	1	2	-1	0	40	
x_1	1	0	-1	1	0	60	
u_3	0	0	-3	1	1	20	
Z_3	0	0	-2000	-1000	0	-360000	

1.b) Ergebnis: $x_1 = 3$, $x_2 = 12$, $Z_{\text{Max}} = 39$

BV	x_1	x_2	u_1	u_2	u_3	u_4	b_i	q_i
u_1	1	1	1	0	0	0	15	15
$\leftarrow u_2$	0	①	0	1	0	0	12	12
u_3	3	2	0	0	1	0	36	18
u_4	1	0	0	0	0	1	10	—
Z_1	1	3	0	0	0	0	0	
$\leftarrow u_1$	①	0	1	-1	0	0	3	3
$\rightarrow x_2$	0	1	0	1	0	0	12	—
u_3	3	0	0	-2	1	0	12	4
u_4	1	0	0	0	0	1	10	10
Z_2	1	0	0	-3	0	0	-36	
$\rightarrow x_1$	1	0	1	-1	0	0	3	
x_2	0	1	0	1	0	0	12	
u_3	0	0	-3	1	1	0	3	
u_4	0	0	-1	1	0	1	7	
Z_3	0	0	-1	-2	0	0	-39	

1.c) Ergebnis: $x_1 = 6$, $x_2 = 5$, $Z_{Max} = 60$

BV	x_1	x_2	u_1	u_2	u_3	u_4	b_i	q_i
u_1	1	2	1	0	0	0	16	8
u_2	5	3	0	1	0	0	45	15
u_3	1	0	0	0	1	0	8	—
$\leftarrow u_4$	0	①	0	0	0	1	6	6
Z_1	5	6	0	0	0	0	0	
$\leftarrow u_1$	①	0	1	0	0	-2	4	4
u_2	5	0	0	1	0	-3	27	$\frac{27}{5}$
u_3	1	0	0	0	1	0	8	8
$\rightarrow x_2$	0	1	0	0	0	1	6	—
Z_2	5	0	0	0	0	-6	-36	
$\rightarrow x_1$	1	0	1	0	0	-2	4	—
$\leftarrow u_2$	0	0	-5	1	0	⑦	7	1
u_3	0	0	-1	0	1	2	4	2
x_2	0	1	0	0	0	1	6	6
Z_3	0	0	-5	0	0	4	-56	
x_1	1	0	$-\frac{3}{7}$	$\frac{2}{7}$	0	0	6	
$\rightarrow u_4$	0	0	$-\frac{5}{7}$	$\frac{1}{7}$	0	1	1	
u_3	0	0	$\frac{3}{7}$	$-\frac{2}{7}$	1	0	2	
x_2	0	1	$\frac{5}{7}$	$-\frac{1}{7}$	0	0	5	
Z_4	0	0	$-\frac{15}{7}$	$-\frac{4}{7}$	0	0	-60	

1.d) Ergebnis: $x_1 = 4$, $x_2 = 10$, $Z_{Max} = 24$

BV	x_1	x_2	u_1	u_2	u_3	u_4	b_i	q_i
u_1	1	0	1	0	0	0	9	—
$\leftarrow u_2$	0	①	0	1	0	0	10	10
u_3	5	4	0	0	1	0	60	15
u_4	5	2	0	0	0	1	50	25
Z_1	1	2	0	0	0	0	0	
u_1	1	0	1	0	0	0	9	9
$\rightarrow x_2$	0	1	0	1	0	0	10	—
$\leftarrow u_3$	⑤	0	0	-4	1	0	20	4
u_4	5	0	0	-2	0	1	30	6
Z_2	1	0	0	-2	0	0	-20	

BV	x_1	x_2	u_1	u_2	u_3	u_4	b_i	q_i
u_1	0	0	1	$\frac{4}{5}$	$-\frac{1}{5}$	0	5	
x_2	0	1	0	1	0	0	10	
$\rightarrow x_1$	1	0	0	$-\frac{4}{5}$	$\frac{1}{5}$	0	4	
u_4	0	0	0	2	-1	1	10	
Z_3	0	0	0	$-\frac{6}{5}$	$-\frac{1}{5}$	0	-24	

1.e) Ergebnis: $x_1 = 6$, $x_2 = 10$, $Z_{\text{Max}} = 70$

BV	x_1	x_2	u_1	u_2	u_3	u_4	b_i	q_i
$\leftarrow u_1$	(1)	0	1	0	0	0	9	9
u_2	0	1	0	1	0	0	12	—
u_3	1	1	0	0	1	0	16	16
u_4	5	2	0	0	0	1	50	10
Z_1	5	4	0	0	0	0	0	
$\rightarrow x_1$	1	0	1	0	0	0	9	—
u_2	0	1	0	1	0	0	12	12
u_3	0	1	-1	0	1	0	7	7
$\leftarrow u_4$	0	(2)	-5	0	0	1	5	$\frac{5}{2}$
Z_2	0	4	-5	0	0	0	-45	
x_1	1	0	1	0	0	0	9	9
u_2	0	0	$\frac{5}{2}$	1	0	$-\frac{1}{2}$	$\frac{19}{2}$	$\frac{19}{5}$
$\leftarrow u_3$	0	0	($\frac{3}{2}$)	0	1	$-\frac{1}{2}$	$\frac{9}{2}$	3
$\rightarrow x_2$	0	1	$-\frac{5}{2}$	0	0	$\frac{1}{2}$	$\frac{5}{2}$	—
Z_3	0	0	5	0	0	-2	-55	
x_1	1	0	0	0	$-\frac{2}{3}$	$\frac{1}{3}$	6	
u_2	0	0	0	1	$-\frac{5}{3}$	$\frac{1}{3}$	2	
$\rightarrow u_1$	0	0	1	0	$\frac{2}{3}$	$-\frac{1}{3}$	3	
x_2	0	1	0	0	$\frac{5}{3}$	$-\frac{1}{3}$	10	
Z_4	0	0	0	0	$-\frac{10}{3}$	$-\frac{1}{3}$	-70	

1.f) Ergebnis: $x_1 = 7$, $x_2 = 5$, $Z_{\text{Max}} = 43$

BV	x_1	x_2	u_1	u_2	u_3	u_4	b_i	q_i
← u_1	①	0	1	0	0	0	9	9
u_2	1	1	0	1	0	0	12	12
u_3	1	4	0	0	1	0	36	36
u_4	5	3	0	0	0	1	50	10
Z_1	4	3	0	0	0	0	0	
→ x_1	1	0	1	0	0	0	9	—
u_2	0	1	-1	1	0	0	3	3
u_3	0	4	-1	0	1	0	27	$\frac{27}{4}$
← u_4	0	③	-5	0	0	1	5	$\frac{5}{3}$
Z_2	0	3	-4	0	0	0	-36	
x_1	1	0	1	0	0	0	9	9
← u_2	0	0	($\frac{2}{3}$)	1	0	$-\frac{1}{3}$	$\frac{4}{3}$	2
u_3	0	0	$\frac{17}{3}$	0	1	$-\frac{4}{3}$	$\frac{61}{3}$	$\frac{61}{17}$
→ x_2	0	1	$-\frac{5}{3}$	0	0	$\frac{1}{3}$	$\frac{5}{3}$	—
Z_3	0	0	1	0	0	-1	-41	
x_1	1	0	0	$-\frac{3}{2}$	0	$\frac{1}{2}$	7	
→ u_1	0	0	1	$\frac{3}{2}$	0	$-\frac{1}{2}$	2	
u_3	0	0	0	$-\frac{17}{2}$	1	$\frac{3}{2}$	9	
x_2	0	1	0	$\frac{5}{2}$	0	$-\frac{1}{2}$	5	
Z_4	0	0	0	$-\frac{3}{2}$	0	$-\frac{1}{2}$	-43	

2.a) Ergebnis: $x_1 = 3$, $x_2 = \frac{7}{2}$, $Z_{\text{Max}} = 16$

BV	x_1	x_2	u_1	u_2	u_3	u_4	b_i	q_i
u_1	2	1	1	0	0	0	16	8
u_2	1	2	0	1	0	0	10	10
u_3	0	2	0	0	1	0	16	—
← u_4	①	0	0	0	0	1	3	3
Z_1	3	2	0	0	0	0	0	

BV	x_1	x_2	u_1	u_2	u_3	u_4	b_i	q_i
u_1	0	1	1	0	0	−2	10	10
$\leftarrow u_2$	0	②	0	1	0	−1	7	3,5
u_3	0	2	0	0	1	0	16	8
$\rightarrow x_1$	1	0	0	0	0	1	3	—
Z_2	0	2	0	0	0	−3	−9	
u_1	0	0	1	$-\frac{1}{2}$	0	$-\frac{3}{2}$	$\frac{13}{2}$	
$\rightarrow x_2$	0	1	0	$\frac{1}{2}$	0	$-\frac{1}{2}$	$\frac{7}{2}$	
u_3	0	0	0	−1	1	1	9	
x_1	1	0	0	0	0	1	3	
Z_3	0	0	0	−1	0	−2	−16	

2.b) Ergebnis: $x_1 = 12$, $x_2 = 0$, $x_3 = 8$, $Z_{\text{Max}} = 92$

BV	x_1	x_2	x_3	u_1	u_2	u_3	u_4	b_i	q_i
u_1	1	1	2	1	0	0	0	28	28
u_2	2	3	1	0	1	0	0	50	25
$\leftarrow u_3$	①	0	0	0	0	1	0	12	12
u_4	0	1	1	0	0	0	1	13	—
Z_1	5	2	4	0	0	0	0	0	
$\leftarrow u_1$	0	1	②	1	0	−1	0	16	8
u_2	0	3	1	0	1	−2	0	26	26
$\rightarrow x_1$	1	0	0	0	0	1	0	12	—
u_4	0	1	1	0	0	0	1	13	13
Z_2	0	2	4	0	0	−5	0	−60	
$\rightarrow x_3$	0	$\frac{1}{2}$	1	$\frac{1}{2}$	0	$-\frac{1}{2}$	0	8	
u_2	0	$\frac{5}{2}$	0	$-\frac{1}{2}$	1	$-\frac{3}{2}$	0	18	
x_1	1	0	0	0	0	1	0	12	
u_4	0	$\frac{1}{2}$	0	$-\frac{1}{2}$	0	$\frac{1}{2}$	1	5	
Z_3	0	0	0	−2	0	−3	0	−92	

2.c) Ergebnis: $x_1 = 0$, $x_2 = 4$, $x_3 = 0$, $x_4 = 2$, $x_5 = 0$, $Z_{\text{Max}} = 24$

BV	x_1	x_2	x_3	x_4	x_5	u_1	u_2	u_3	u_4	b_i	q_i
u_1	2	1	3	1	2	1	0	0	0	12	12
$\leftarrow u_2$	1	①	1	0	0	0	1	0	0	4	4
u_3	0	1	1	2	1	0	0	1	0	8	8
u_4	3	1	0	0	1	0	0	0	1	10	10
Z_1	2	5	1	2	1	0	0	0	0	0	

BV	x_1	x_2	x_3	x_4	x_5	u_1	u_2	u_3	u_4	b_i	q_i
u_1	1	0	2	1	2	1	−1	0	0	8	8
→ x_2	1	1	1	0	0	0	1	0	0	4	—
← u_3	−1	0	0	(2)	1	0	−1	1	0	4	2
u_4	2	0	−1	0	1	0	−1	0	1	6	—
Z_2	−3	0	−4	2	1	0	−5	0	0	−20	
u_1	$\frac{3}{2}$	0	2	0	$\frac{3}{2}$	1	$-\frac{1}{2}$	$-\frac{1}{2}$	0	6	
x_2	1	1	1	0	0	0	1	0	0	4	
→ x_4	$-\frac{1}{2}$	0	0	1	$\frac{1}{2}$	0	$-\frac{1}{2}$	$\frac{1}{2}$	0	2	
u_4	2	0	−1	0	1	0	−1	0	1	6	
Z_3	−2	0	−4	0	0	0	−4	−1	0	−24	

2.d) Ergebnis: $x_1 = 0$, $x_2 = 2$, $x_3 = 2$, $x_4 = 0$, $x_5 = 6$, $x_6 = 0$, $Z_{\text{Max}} = 54$

BV	x_1	x_2	x_3	x_4	x_5	x_6	u_1	u_2	u_3	b_i	q_i
u_1	3	1	1	2	1	1	1	0	0	10	10
← u_2	2	0	(3)	1	1	3	0	1	0	12	4
u_3	1	2	0	0	0	0	0	0	1	4	—
Z_1	3	5	7	1	5	1	0	0	0	0	
u_1	$\frac{7}{3}$	1	0	$\frac{5}{3}$	$\frac{2}{3}$	0	1	$-\frac{1}{3}$	0	6	6
→ x_3	$\frac{2}{3}$	0	1	$\frac{1}{3}$	$\frac{1}{3}$	1	0	$\frac{1}{3}$	0	4	—
← u_3	1	(2)	0	0	0	0	0	0	1	4	2
Z_2	$-\frac{5}{3}$	5	0	$-\frac{4}{3}$	$\frac{8}{3}$	−6	0	$-\frac{7}{3}$	0	−28	
← u_1	$\frac{11}{6}$	0	0	$\frac{5}{3}$	($\frac{2}{3}$)	0	1	$-\frac{1}{3}$	$-\frac{1}{2}$	4	6
x_3	$\frac{2}{3}$	0	1	$\frac{1}{3}$	$\frac{1}{3}$	1	0	$\frac{1}{3}$	0	4	12
→ x_2	$\frac{1}{2}$	1	0	0	0	0	0	0	$\frac{1}{2}$	2	—
Z_3	$-\frac{25}{6}$	0	0	$-\frac{4}{3}$	$\frac{8}{3}$	−6	0	$-\frac{7}{3}$	$-\frac{5}{2}$	−38	
→ x_5	$\frac{11}{4}$	0	0	$\frac{5}{2}$	1	0	$\frac{3}{2}$	$-\frac{1}{2}$	$-\frac{3}{4}$	6	
x_3	$-\frac{1}{4}$	0	1	$-\frac{1}{2}$	0	1	$-\frac{1}{2}$	$\frac{1}{2}$	$\frac{1}{4}$	2	
x_2	$\frac{1}{2}$	1	0	0	0	0	0	0	$\frac{1}{2}$	2	
Z_4	$-\frac{23}{3}$	0	0	−8	0	−6	−4	−1	$-\frac{1}{2}$	−54	

2.e) Ergebnis: $x_1=0$, $x_2=0$, $x_3=0$, $x_4=0$, $x_5=4$, $x_6=5$, $x_7=0$, $x_8=24$, $x_9=0$, $x_{10}=0$,
$Z_{Max}=94$

BV	x_1	x_2	x_3	x_4	x_5	x_6	x_7	x_8	x_9	x_{10}	u_1	u_2	u_3	b_i	q_i
u_1	3	2	1	1	−1	−2	1	1	1	1	1	0	0	10	10
← u_2	4	0	①	0	2	0	0	0	0	0	0	1	0	8	8
u_3	1	0	0	1	0	2	2	0	0	0	0	0	1	10	—
Z_1	2	3	4	1	3	2	1	3	1	1	0	0	0	0	
← u_1	−1	2	0	1	−3	−2	1	①	1	1	1	−1	0	2	2
→ x_3	4	0	1	0	2	0	0	0	0	0	0	1	0	8	—
u_3	1	0	0	1	0	2	2	0	0	0	0	0	1	10	—
Z_2	−14	3	0	1	−5	2	1	3	1	1	0	−4	0	−32	
→ x_8	−1	2	0	1	−3	−2	1	1	1	1	1	−1	0	2	—
x_3	4	0	1	0	2	0	0	0	0	0	0	1	0	8	—
← u_3	1	0	0	1	0	②	2	0	0	0	0	0	1	10	5
Z_3	−11	−3	0	−2	4	8	−2	0	−2	−2	−3	−1	0	−38	
x_8	0	2	0	2	−3	0	3	1	1	1	1	−1	1	12	—
← x_3	4	0	1	0	②	0	0	0	0	0	0	1	0	8	4
→ x_6	$\frac{1}{2}$	0	0	$\frac{1}{2}$	0	1	1	0	0	0	0	0	$\frac{1}{2}$	5	—
Z_4	−15	−3	0	−6	4	0	−10	0	−2	−2	−3	−1	−4	−78	
x_8	6	2	$\frac{3}{2}$	2	0	0	3	1	1	1	1	$\frac{1}{2}$	1	24	
→ x_5	2	0	$\frac{1}{2}$	0	1	0	0	0	0	0	0	$\frac{1}{2}$	0	4	
x_6	$\frac{1}{2}$	0	0	$\frac{1}{2}$	0	1	1	0	0	0	0	0	$\frac{1}{2}$	5	
Z_5	−23	−3	−2	−6	0	0	−10	0	−2	−2	−3	−3	−4	−94	

3. Für die Mischung seien x_1 Ztr. von Sorte I und x_2 Ztr. von Sorte II notwendig. Dann gilt:

1. $x_1 \geqq 0, \qquad x_2 \geqq 0$
2. $x_1 \leqq 100$

   $x_2 \leqq 150$

   $-4x_1 + x_2 \leqq 0$
3. $-40x_1 + 70x_2 + 43\,500 = Z$

Ergebnis: $x_1 = 37{,}5$, $x_2 = 150$, $Z_{Max} = 52\,500$

BV	x_1	x_2	u_1	u_2	u_3	b_i	q_i
u_1	1	0	1	0	0	100	—
u_2	0	1	0	1	0	150	150
$\leftarrow u_3$	-4	①	0	0	1	0	0
Z_1	-40	70	0	0	0	-43500	
u_1	1	0	1	0	0	100	100
$\leftarrow u_2$	④	0	0	1	-1	150	$\frac{150}{4}$
$\rightarrow x_2$	-4	1	0	0	1	0	—
Z_2	240	0	0	0	-70	-43500	
u_1	0	0	1	$-\frac{1}{4}$	$\frac{1}{4}$	$\frac{125}{2}$	
$\rightarrow x_1$	1	0	0	$\frac{1}{4}$	$-\frac{1}{4}$	$\frac{75}{2}$	
x_2	0	1	0	1	0	150	
Z_3	0	0	0	-60	-10	-52500	

4. x_1 sei die Anzahl der Kühe, x_2 sei die Anzahl der Stücke Jungvieh.

1. $x_1 \geqq 0, \quad x_2 \geqq 0$
2. $$x_1 \leqq 70$$
$$x_2 \leqq 500$$
$$5x_1 + 2x_2 \leqq 1000$$
$$10x_1 + x_2 \leqq 800$$
3. $400x_1 + 50x_2 = Z \rightarrow \text{Max}$

Ergebnis: $x_1 = 40$, $x_2 = 400$, $Z_{\text{Max}} = 36000$

BV	x_1	x_2	u_1	u_2	u_3	u_4	b_i	q_i
$\leftarrow u_1$	①	0	1	0	0	0	70	70
u_2	0	1	0	1	0	0	500	—
u_3	5	2	0	0	1	0	1000	200
u_4	10	1	0	0	0	1	800	80
Z_1	400	50	0	0	0	0	0	
$\rightarrow x_1$	1	0	1	0	0	0	70	—
u_2	0	1	0	1	0	0	500	500
u_3	0	2	-5	0	1	0	650	325
$\leftarrow u_4$	0	①	-10	0	0	1	100	100
Z_2	0	50	-400	0	0	0	-28000	

BV	x_1	x_2	u_1	u_2	u_3	u_4	b_i	q_i
x_1	1	0	1	0	0	0	70	70
u_2	0	0	10	1	0	−1	400	40
$\leftarrow u_3$	0	0	(15)	0	1	−2	450	30
$\rightarrow x_2$	0	1	−10	0	0	1	100	
Z_3	0	0	100	0	0	−50	−33000	
x_1	1	0	0	0	$-\frac{1}{15}$	$\frac{2}{15}$	40	
u_2	0	0	0	1	$-\frac{2}{3}$	$\frac{1}{3}$	100	
$\rightarrow u_1$	0	0	1	0	$\frac{1}{15}$	$-\frac{2}{15}$	30	
x_2	0	1	0	0	$\frac{2}{3}$	$-\frac{1}{3}$	400	
Z_4	0	0	0	0	$-\frac{20}{3}$	$-\frac{110}{3}$	−36000	

5. x_1 sei die Anzahl der Morgen Erbsen, x_2 sei die Anzahl der Morgen Stangenbohnen. Dann gilt:

1. $x_1 \geqq 0, \quad x_2 \geqq 0$ 2. $x_1 + x_2 \leqq 30$ 3. $200x_1 + 300x_2 = Z \rightarrow \text{Max}$

$$x_1 + 2x_2 \leqq 50$$

$$200x_1 + 100x_2 \leqq 5000$$

Ergebnis: $x_1 = 10$, $x_2 = 20$, $Z_{\text{Max}} = 8000$

BV	x_1	x_2	u_1	u_2	u_3	b_i	q_i
u_1	1	1	1	0	0	30	30
$\leftarrow u_2$	1	(2)	0	1	0	50	25
u_3	200	100	0	0	1	5000	50
Z_1	200	300	0	0	0	0	
$\leftarrow u_1$	($\frac{1}{2}$)	0	1	$-\frac{1}{2}$	0	5	10
$\rightarrow x_2$	$\frac{1}{2}$	1	0	$\frac{1}{2}$	0	25	50
u_3	150	0	0	−50	1	2500	$\frac{50}{3}$
Z_2	50	0	0	−150	0	−7500	
$\rightarrow x_1$	1	0	2	−1	0	10	
x_2	0	1	−1	1	0	20	
u_3	0	0	−300	100	1	1000	
Z_3	0	0	−100	−100	0	−8000	

6. x_1 sei die Menge in kg von Schlafmittel „Schlafgut", x_2 sei die Menge in kg von Schlafmittel „Schlafwohl". Dann gilt:

1. $x_1 \geqq 0, \quad x_2 \geqq 0$ 2. $x_1 + 2x_2 \leqq 28$ 3. $150x_1 + 100x_2 = Z \rightarrow \text{Max}$

$$x_1 + x_2 \leqq 20$$
$$x_1 \leqq 16$$
$$x_2 \leqq 12$$

Ergebnis: $x_1 = 16$, $x_2 = 4$, $Z_{\text{Max}} = 2800$

BV	x_1	x_2	u_1	u_2	u_3	u_4	b_i	q_i
u_1	1	2	1	0	0	0	28	28
u_2	1	1	0	1	0	0	20	20
$\leftarrow u_3$	①	0	0	0	1	0	16	16
u_4	0	1	0	0	0	1	12	—
Z_1	150	100	0	0	0	0	0	
u_1	0	2	1	0	−1	0	12	6
$\leftarrow u_2$	0	①	0	1	−1	0	4	4
$\rightarrow x_1$	1	0	0	0	1	0	16	—
u_4	0	1	0	0	0	1	12	12
Z_2	0	100	0	0	−150	0	−2400	
u_1	0	0	1	−2	1	0	4	
$\rightarrow x_2$	0	1	0	1	−1	0	4	
x_1	1	0	0	0	1	0	16	
u_4	0	0	0	−1	1	1	8	
Z_3	0	0	0	−100	−50	0	−2800	

7. x_1 sei die Menge der ersten Mischung, x_2 sei die Menge der zweiten Mischung. Dann gilt:

1. $x_1 \geqq 0, \quad x_2 \geqq 0$
2. $0{,}2x_1 + 0{,}6x_2 \leqq 120$
   $0{,}8x_1 + 0{,}4x_2 \leqq 180$
3. $12x_1 + 16x_2 = Z \rightarrow \text{Max}$

Ergebnis: $x_1 = 150$, $x_2 = 150$, $Z_{\text{Max}} = 4200$

BV	x_1	x_2	u_1	u_2	b_i	q_i
$\leftarrow u_1$	0,2	(0,6)	1	0	120	200
u_2	0,8	0,4	0	1	180	450
Z_1	12	16	0	0	0	

BV	x_1	x_2	u_1	u_2	b_i	q_i
$\rightarrow x_2$	$\frac{1}{3}$	1	$\frac{5}{3}$	0	200	600
$\leftarrow u_2$	$\textcircled{\frac{2}{3}}$	0	$-\frac{2}{3}$	1	100	150
Z_2	$\frac{20}{3}$	0	$-\frac{80}{3}$	0	-3200	
x_2	0	1	2	$-\frac{1}{2}$	150	
$\rightarrow x_1$	1	0	-1	$\frac{3}{2}$	150	
Z_3	0	0	-20	-10	-4200	

8. Von Sorte A werde x_1 kg, von Sorte B x_2 kg, von Sorte C x_3 kg für die Mischung verwendet. Dann lautet das mathematische Modell:

1. $x_1 \geqq 0,\ x_2 \geqq 0,\ x_3 \geqq 0$
2. $x_1 \leqq 100$
   $x_2 \leqq 100$
   $x_3 \leqq 50$
   $x_1 \geqq 0{,}25(x_1 + x_2 + x_3)$
   $x_3 \leqq 0{,}50(x_1 + x_2 + x_3)$
3. $(14-15)\,x_1 + (14-12)\,x_2 + (14-10)\,x_3 = Z \rightarrow \text{Max}$

oder

1. $x_1 \geqq 0,\ x_2 \geqq 0,\ x_3 \geqq 0$
2. $x_1 \leqq 100$
   $x_2 \leqq 100$
   $x_3 \leqq 50$
   $-3x_1 + x_2 + x_3 \leqq 0$
   $-x_1 - x_2 + x_3 \leqq 0$
3. $-x_1 + 2x_2 + 4x_3 = Z \rightarrow \text{Max}$

Ergebnis: $x_1 = 50,\ x_2 = 100,\ x_3 = 50,\ Z_{\text{Max}} = 350$

BV	x_1	x_2	x_3	u_1	u_2	u_3	u_4	u_5	b_i	q_i
u_1	1	0	0	1	0	0	0	0	100	—
u_2	0	1	0	0	1	0	0	0	100	—
u_3	0	0	1	0	0	1	0	0	50	50
u_4	-3	1	1	0	0	0	1	0	0	0
$\leftarrow u_5$	-1	-1	①	0	0	0	0	1	0	0
Z_1	-1	2	4	0	0	0	0	0	0	
u_1	1	0	0	1	0	0	0	0	100	—
u_2	0	1	0	0	1	0	0	0	100	100
u_3	1	1	0	0	0	1	0	-1	50	50
$\leftarrow u_4$	-2	②	0	0	0	0	1	-1	0	0
$\rightarrow x_3$	-1	-1	1	0	0	0	0	1	0	—
Z_2	3	6	0	0	0	0	0	-4	0	

BV	x_1	x_2	x_3	u_1	u_2	u_3	u_4	u_5	b_i	q_i
u_1	1	0	0	1	0	0	0	0	100	100
u_2	1	0	0	0	1	0	−0,5	0,5	100	100
← u_3	②	0	0	0	0	1	−0,5	−0,5	50	25
→ x_2	−1	1	0	0	0	0	0,5	−0,5	0	—
x_3	−2	0	1	0	0	0	0,5	0,5	0	—
Z_3	9	0	0	0	0	0	−3	−1	0	
u_1	0	0	0	1	0	−0,5	0,25	0,25	75	300
← u_2	0	0	0	0	1	−0,5	−0,25	(0,75)	75	100
→ x_1	1	0	0	0	0	0,5	−0,25	−0,25	25	—
x_2	0	1	0	0	0	0,5	0,25	−0,75	25	—
x_3	0	0	1	0	0	1	0	0	50	—
Z_4	0	0	0	0	0	−4,5	−0,75	1,25	−225	
u_1	0	0	0	1	$-\frac{1}{3}$	$-\frac{1}{3}$	$\frac{1}{3}$	0	50	
→ u_5	0	0	0	0	$\frac{4}{3}$	$-\frac{2}{3}$	$-\frac{1}{3}$	1	100	
x_1	1	0	0	0	$\frac{1}{3}$	$\frac{1}{3}$	$-\frac{1}{3}$	0	50	
x_2	0	1	0	0	1	0	0	0	100	
x_3	0	0	1	0	0	1	0	0	50	
Z_5	0	0	0	0	$-\frac{5}{3}$	$-\frac{11}{3}$	$-\frac{1}{3}$	0	−350	

9. x_1 sei die Anzahl der Kälber, x_2 sei die Anzahl der Schweine, x_3 sei die Anzahl der Schafe.

1. $x_1 \geqq 0,\ x_2 \geqq 0,\ x_3 \geqq 0$ 2. $x_1 + x_2 + x_3 \leqq 250$ 3. $120x_1 + 160x_2 + 40x_3 = Z \to \text{Max}$

$$x_1 \leqq 200$$

$$x_2 \leqq 100$$

Ergebnis: $x_1 = 150,\ x_2 = 100,\ x_3 = 0,\ Z_{\text{Max}} = 34000$

BV	x_1	x_2	x_3	u_1	u_2	u_3	b_i	q_i
u_1	1	1	1	1	0	0	250	250
u_2	1	0	0	0	1	0	200	—
← u_3	0	①	0	0	0	1	100	100
Z_1	120	160	40	0	0	0	0	
← u_1	①	0	1	1	0	−1	150	150
u_2	1	0	0	0	1	0	200	200
→ x_2	0	1	0	0	0	1	100	—
Z_2	120	0	40	0	0	−160	−16000	

BV	x_1	x_2	x_3	u_1	u_2	u_3	b_i	q_i
$\rightarrow x_1$	1	0	1	1	0	−1	150	
u_2	0	0	−1	−1	1	1	50	
x_2	0	1	0	0	0	1	100	
Z_3	0	0	−80	−120	0	−40	−34000	

Seite 130–131 (Aufgaben)

1.a) Ergebnis: $x_1 = 2$, $x_2 = 8$, $Z_{Max} = 18$

BV	x_1	x_2	u_1	u_2	$\bar{u}_3$	u_4	b_i	q_i
u_1	1	0	1	0	0	0	7	—
$\leftarrow u_2$	0	①	0	1	0	0	8	8
$\bar{u}_3$	1	1	0	0	1	0	10	10
u_4	2	1	0	0	0	1	16	16
Z_1	1	2	0	0	0	0	0	
$\bar{Z}_1$	1	1	0	0	0	0	10	
u_1	1	0	1	0	0	0	7	7
$\rightarrow x_2$	0	1	0	1	0	0	8	—
$\leftarrow \bar{u}_3$	①	0	0	−1	1	0	2	2
u_4	2	0	0	−1	0	1	8	4
Z_2	1	0	0	−2	0	0	−16	
$\bar{Z}_2$	1	0	0	−1	0	0	2	
u_1	0	0	1	1		0	5	
x_2	0	1	0	1		0	8	
$\rightarrow x_1$	1	0	0	−1		0	2	
u_4	0	0	0	1		1	4	
Z_3	0	0	0	−1		0	−18	
$\bar{Z}_3$	0	0	0	0		0	0	

1.b) Ergebnis: $x_1 = 12$, $x_2 = 0$, $x_3 = 8$, $Z_{Max} = 92$

BV	x_1	x_2	x_3	u_1	$\bar{u}_2$	$\bar{u}_3$	u_4	b_i	q_i
u_1	2	3	1	1	0	0	0	50	25
$\leftarrow \bar{u}_2$	①	0	0	0	1	0	0	12	12
$\bar{u}_3$	1	1	2	0	0	1	0	28	28
u_4	0	1	1	0	0	0	1	13	—
Z_1	5	2	4	0	0	0	0	0	
$\bar{Z}_1$	2	1	2	0	0	0	0	40	

BV	x_1	x_2	x_3	u_1	$\overline{u}_2$	$\overline{u}_3$	u_4	b_i	q_i
u_1	0	3	1	1		0	0	26	26
$\rightarrow x_1$	1	0	0	0		0	0	12	—
$\leftarrow \overline{u}_3$	0	1	②	0		1	0	16	8
u_4	0	1	1	0		0	1	13	13
Z_2	0	2	4	0		0	0	-60	
$\overline{Z}_2$	0	1	2	0		0	0	16	
u_1	0	$\frac{5}{2}$	0	1			0	18	
x_1	1	0	0	0			0	12	
$\rightarrow x_3$	0	$\frac{1}{2}$	1	0			0	8	
u_4	0	$\frac{1}{2}$	0	0			1	5	
Z_3	0	0	0	0			0	-92	
$\overline{Z}_3$	0	0	0	0			0	0	

1.c) 1. $x_1 \geqq 0,\ x_2 \geqq 0,\ v_1 \geqq 0,\ v_2 \geqq 0$

2. $x_1 + 2x_2 - v_1 = 12$

$3x_1 + 2x_2 - v_2 = 24$

3. $-4x_1 - 4x_2 = Z^* \rightarrow \text{Max}$

$4x_1 + 4x_2 - v_1 - v_2 = \overline{Z} = 36$

Ergebnis: $x_1 = 6,\ x_2 = 3,\ Z^*_{\text{Max}} = -36,\ Z_{\text{Min}} = 36$

BV	x_1	x_2	v_1	v_2	$\overline{u}_1$	$\overline{u}_2$	b_i	q_i
$\overline{u}_1$	1	2	-1	0	1	0	12	12
$\leftarrow \overline{u}_2$	③	2	0	-1	0	1	24	8
Z_1^*	-4	-4	0	0	0	0	0	
$\overline{Z}_1$	4	4	-1	-1	0	0	36	
$\leftarrow \overline{u}_1$	0	($\frac{4}{3}$)	-1	$\frac{1}{3}$	1		4	3
$\rightarrow x_1$	1	$\frac{2}{3}$	0	$-\frac{1}{3}$	0		8	12
Z_2^*	0	$-\frac{4}{3}$	0	$-\frac{4}{3}$	0		32	
$\overline{Z}_2$	0	$\frac{4}{3}$	-1	$\frac{1}{3}$	0		4	

BV	x_1	x_2	v_1	v_2	$\bar{u}_1$	$\bar{u}_2$	b_i	q_i
$\rightarrow x_2$	0	1	$-\frac{3}{4}$	$\frac{1}{4}$			3	
x_1	1	0	$\frac{1}{2}$	$-\frac{1}{2}$			6	
Z_3^*	0	0	-1	-1			36	
$\bar{Z}_3$	0	0	0	0			0	

1.d) 1. $x_1 \geqq 0,\ x_2 \geqq 0,\ v_2 \geqq 0$

2.
$$\begin{aligned} x_1 \qquad\qquad &\leqq 6 \\ x_1 + x_2 - v_2 &= 4 \\ 2x_1 + x_2 \qquad &\leqq 16 \\ x_1 + 4x_2 \qquad &= 36 \end{aligned}$$

3.
$$\begin{aligned} x_1 + 3x_2 \qquad &= Z \rightarrow \text{Max} \\ 2x_1 + 5x_2 - v_2 &= \bar{Z} = 40 \end{aligned}$$

Ergebnis: $x_1 = 4,\ x_2 = 8,\ Z_{\text{Max}} = 28$

BV	x_1	x_2	v_2	u_1	$\bar{u}_2$	u_3	$\bar{u}_4$	b_i	q_i
u_1	1	0	0	1	0	0	0	6	—
$\leftarrow \bar{u}_2$	1	①	-1	0	1	0	0	4	4
u_3	2	1	0	0	0	1	0	16	16
$\bar{u}_4$	1	4	0	0	0	0	1	36	9
Z_1	1	3	0	0	0	0	0	0	
$\bar{Z}_1$	2	5	-1	0	0	0	0	40	
u_1	1	0	0	1		0	0	6	—
$\rightarrow x_2$	1	1	-1	0		0	0	4	—
u_3	1	0	1	0		1	0	12	12
$\leftarrow \bar{u}_4$	-3	0	④	0		0	1	20	5
Z_2	-2	0	3	0		0	0	-12	
$\bar{Z}_2$	-3	0	4	0		0	0	20	
u_1	1	0	0	1		0		6	6
x_2	$\frac{1}{4}$	1	0	0		0		9	36
$\leftarrow u_3$	($\frac{7}{4}$)	0	0	0		1		7	4
$\rightarrow v_2$	$-\frac{3}{4}$	0	1	0		0		5	—
Z_3	$\frac{1}{4}$	0	0	0		0		-27	
$\bar{Z}_3$	0	0	0	0		0		0	

BV	x_1	x_2	v_2	u_1	$\bar{u}_2$	u_3	$\bar{u}_4$	b_i	q_i
u_1	0	0	0	1		$-\frac{4}{7}$		2	
x_2	0	1	0	0		$-\frac{1}{7}$		8	
$\rightarrow x_1$	1	0	0	0		$\frac{4}{7}$		4	
v_2	0	0	1	0		$\frac{3}{7}$		8	
Z_4	0	0	0	0		$-\frac{1}{7}$		-28	

1.e) 1. $x_1 \geqq 0,\ x_2 \geqq 0,\ v_1 \geqq 0,\ v_3 \geqq 0$

2.
$$\begin{aligned} 2x_1 + x_2 - v_1 &= 10 \\ x_1 + x_2 &= 8 \\ x_1 + 4x_2 - v_3 &= 20 \\ x_1 &\leqq 9 \\ -2x_1 + 10x_2 &\leqq 78 \end{aligned}$$

3.
$$\begin{aligned} -5x_1 - 10x_2 &= Z^* \rightarrow \text{Max} \\ 4x_1 + 6x_2 - v_1 - v_3 &= \bar{Z} = 38 \end{aligned}$$

Ergebnis: $x_1 = 4,\ x_2 = 4,\ Z^*_{\mathbf{Max}} = -60,\ Z_{\mathbf{Min}} = 60$

BV	x_1	x_2	v_1	v_3	$\bar{u}_1$	$\bar{u}_2$	$\bar{u}_3$	u_4	u_5	b_i	q_i
$\bar{u}_1$	2	1	-1	0	1	0	0	0	0	10	10
$\bar{u}_2$	1	1	0	0	0	1	0	0	0	8	8
$\leftarrow \bar{u}_3$	1	(4)	0	-1	0	0	1	0	0	20	5
u_4	1	0	0	0	0	0	0	1	0	9	—
u_5	-2	10	0	0	0	0	0	0	1	78	7,8
Z_1^*	-5	-10	0	0	0	0	0	0	0	0	
$\bar{Z}_1$	4	6	-1	-1	0	0	0	0	0	38	
$\leftarrow \bar{u}_1$	($\frac{7}{4}$)	0	-1	$\frac{1}{4}$	1	0		0	0	5	$\frac{20}{7}$
$\bar{u}_2$	$\frac{3}{4}$	0	0	$\frac{1}{4}$	0	1		0	0	3	4
$\rightarrow x_2$	$\frac{1}{4}$	1	0	$-\frac{1}{4}$	0	0		0	0	5	20
u_4	1	0	0	0	0	0		1	0	9	9
u_5	$-\frac{9}{2}$	0	0	$\frac{5}{2}$	0	0		0	1	28	—
Z_2^*	$-\frac{5}{2}$	0	0	$-\frac{5}{2}$	0	0		0	0	50	
$\bar{Z}_2$	$\frac{5}{2}$	0	-1	$\frac{1}{2}$	0	0		0	0	8	

BV	x_1	x_2	v_1	v_3	$\bar{u}_1$	$\bar{u}_2$	$\bar{u}_3$	u_4	u_5	b_i	q_i
$\rightarrow x_1$	1	0	$-\frac{4}{7}$	$\frac{1}{7}$		0		0	0	$\frac{20}{7}$	—
$\leftarrow \bar{u}_2$	0	0	($\frac{3}{7}$)	$\frac{1}{7}$		1		0	0	$\frac{6}{7}$	2
x_2	0	1	$\frac{1}{7}$	$-\frac{2}{7}$		0		0	0	$\frac{30}{7}$	30
u_4	0	0	$\frac{4}{7}$	$-\frac{1}{7}$		0		1	0	$\frac{43}{7}$	$\frac{43}{4}$
u_5	0	0	$-\frac{18}{7}$	$\frac{22}{7}$		0		0	1	$\frac{286}{7}$	—
Z_3^*	0	0	$-\frac{10}{7}$	$-\frac{15}{7}$		0		0	0	$\frac{400}{7}$	
$\bar{Z}_3$	0	0	$\frac{3}{7}$	$\frac{1}{7}$		0		0	0	$\frac{6}{7}$	
x_1	1	0	0	$\frac{1}{3}$				0	0	4	
$\rightarrow v_1$	0	0	1	$\frac{1}{3}$				0	0	2	
x_2	0	1	0	$-\frac{1}{3}$				0	0	4	
u_4	0	0	0	$-\frac{1}{3}$				1	0	5	
u_5	0	0	0	4				0	1	46	
Z_4^*	0	0	0	$-\frac{35}{21}$				0	0	60	
$\bar{Z}_4$	0	0	0	0				0	0	0	

1.f) Ergebnis: $x_1 = 10$, $x_2 = 0$, $Z_{Max} = 30$

BV	x_1	x_2	u_1	u_2	u_3	b_i	q_i
$\leftarrow u_1$	①	1	1	0	0	10	10
u_2	1	2	0	1	0	14	14
u_3	2	1	0	0	1	20	10
Z_1	3	2	0	0	0	0	0
$\rightarrow x_1$	1	1	1	0	0	10	
u_2	0	1	-1	1	0	4	
u_3	0	-1	-2	0	1	0	
Z_2	0	-1	-3	0	0	-30	

oder

BV	x_1	x_2	u_1	u_2	u_3	b_i	q_i
u_1	1	1	1	0	0	10	10
u_2	1	2	0	1	0	14	14
$\leftarrow u_3$	②	1	0	0	1	20	10
Z_1	3	2	0	0	0	0	
$\leftarrow u_1$	0	$\frac{1}{2}$ (circled)	1	0	$-\frac{1}{2}$	0	0
u_2	0	$\frac{3}{2}$	0	1	$-\frac{1}{2}$	4	$\frac{8}{3}$
$\rightarrow x_1$	1	$\frac{1}{2}$	0	0	$\frac{1}{2}$	10	20
Z_2	0	$\frac{1}{2}$	0	0	$-\frac{3}{2}$	-30	
$\rightarrow x_2$	0	1	2	0	-1	0	
u_2	0	0	-3	1	1	4	
x_1	1	0	-1	0	1	10	
Z_3	0	0	-1	0	-1	-30	

1.g) Ergebnis: $-\frac{10}{3}+\frac{p}{3}\leqq 0 \wedge -\frac{10}{3}-\frac{2p}{3}\leqq 0$

$-5\leqq p\leqq 10,\ x_1=4,\ x_2=8,\ Z_{\mathbf{Max}}=120+4p$

BV	x_1	x_2	u_1	u_2	u_3	b_i	q_i
$\leftarrow u_1$	1	②	1	0	0	20	10
u_2	2	1	0	1	0	16	16
u_3	1	0	0	0	1	7	—
Z_1	$10+p$	10	0	0	0	0	0
$\rightarrow x_2$	$\frac{1}{2}$	1	$\frac{1}{2}$	0	0	10	20
$\leftarrow u_2$	$\frac{3}{2}$ (circled)	0	$-\frac{1}{2}$	1	0	6	4
u_3	1	0	0	0	1	7	7
Z_2	$5+p$	0	-5	0	0	-100	
x_2	0	1	$\frac{2}{3}$	$-\frac{1}{3}$	0	8	
$\rightarrow x_1$	1	0	$-\frac{1}{3}$	$\frac{2}{3}$	0	4	
u_3	0	0	$\frac{1}{3}$	$-\frac{2}{3}$	1	3	
Z_3	0	0	$-\frac{10}{3}+\frac{p}{3}$	$-\frac{10}{3}-\frac{2p}{3}$	0	$-120-4p$	

2. x_1 sei die Anzahl der Morgen Braugerste, x_2 sei die Anzahl der Morgen Zuckerrüben. Dann gilt:

1. $x_1 \geqq 0, \quad x_2 \geqq 0$

2. $x_1 + x_2 \leqq 50$

   $x_1 + 4x_2 \leqq 80$

   $2x_1 + 5x_2 \leqq 115$

   $x_2 \leqq 15$

3. $200x_1 + 600x_2 = Z \to \text{Max}$

Ergebnis: $x_1 = 20,\ x_2 = 15,\ Z_{\text{Max}} = 13000$

BV	x_1	x_2	u_1	u_2	u_3	u_4	b_i	q_i
u_1	1	1	1	0	0	0	50	50
u_2	1	4	0	1	0	0	80	20
u_3	2	5	0	0	1	0	115	23
$\leftarrow u_4$	0	①	0	0	0	1	15	15
Z_1	200	600	0	0	0	0	0	
u_1	1	0	1	0	0	-1	35	35
$\leftarrow u_2$	①	0	0	1	0	-4	20	20
u_3	2	0	0	0	1	-5	40	20
$\rightarrow x_2$	0	1	0	0	0	1	15	—
Z_2	200	0	0	0	0	-600	-9000	
u_1	0	0	1	-1	0	3	15	5
$\rightarrow x_1$	1	0	0	1	0	-4	20	—
$\leftarrow u_3$	0	0	0	-2	1	③	0	0
x_2	0	1	0	0	0	1	15	15
Z_3	0	0	0	-200	0	200	-13000	
u_1	0	0	1	1	-1	0	15	
x_1	1	0	0	$-\frac{5}{3}$	$\frac{4}{3}$	0	20	
$\rightarrow u_4$	0	0	0	$-\frac{2}{3}$	$\frac{1}{3}$	1	0	
x_2	0	1	0	$\frac{2}{3}$	$-\frac{1}{3}$	0	15	
Z_4	0	0	0	$-\frac{200}{3}$	$-\frac{200}{3}$	0	-13000	

Seite 153 – 155 (Aufgaben)

1.a) 1. $u_1 \geqq 0,\ u_2 \geqq 0,\ u_3 \geqq 0$ 2. $u_1 + 2u_2 + u_3 \leqq 3,\ u_1 + u_2 + 3u_3 \leqq 2$

Ergebnis: $x_1 = 20,\ x_2 = 10,\ Z_{\text{Min}} = 80$ 3. $30u_1 + 50u_2 + 40u_3 = Y \to \text{Max}$

BV	u_1	u_2	u_3	x_1	x_2	b_i	q_i
$\leftarrow x_1$	1	②	1	1	0	3	$\frac{3}{2}$
x_2	1	1	3	0	1	2	2
Y_1	30	50	40	0	0	0	
$\rightarrow u_2$	$\frac{1}{2}$	1	$\frac{1}{2}$	$\frac{1}{2}$	0	$\frac{3}{2}$	3
$\leftarrow x_2$	($\frac{1}{2}$)	0	$\frac{5}{2}$	$-\frac{1}{2}$	1	$\frac{1}{2}$	1
Y_2	5	0	15	-25	0	-75	
u_2	0	1	-2	1	-1	1	
$\rightarrow u_1$	1	0	5	-1	2	1	
Y_3	0	0	-10	-20	-10	-80	

1.b) 1. $u_1 \geqq 0,\ u_2 \geqq 0,\ u_3 \geqq 0$ 2. $u_1 + u_2 + 2u_3 \leqq 300,\ u_1 + 5u_2 + u_3 \leqq 200$

Ergebnis: $x_1 = 10,\ x_2 = 20,\ Z_{\text{Min}} = 7000$ 3. $30u_1 + 50u_2 + 40u_3 = Y \to \text{Max}$

BV	u_1	u_2	u_3	x_1	x_2	b_i	q_i
x_1	1	1	2	1	0	300	300
$\leftarrow x_2$	1	⑤	1	0	1	200	40
Y_1	30	50	40	0	0	0	
$\leftarrow x_1$	$\frac{4}{5}$	0	($\frac{9}{5}$)	1	$-\frac{1}{5}$	260	$\frac{1300}{9}$
$\rightarrow u_2$	$\frac{1}{5}$	1	$\frac{1}{5}$	0	$\frac{1}{5}$	40	200
Y_2	20	0	30	0	-10	-2000	
$\rightarrow u_3$	$\frac{4}{9}$	0	1	$\frac{5}{9}$	$-\frac{1}{9}$	$\frac{1300}{9}$	$\frac{1300}{4}$
$\leftarrow u_2$	($\frac{1}{9}$)	1	0	$-\frac{1}{9}$	$\frac{2}{9}$	$\frac{100}{9}$	100
Y_3	$\frac{20}{3}$	0	0	$-\frac{50}{3}$	$-\frac{20}{3}$	$-\frac{19000}{3}$	
u_3	0	-4	1	1	-1	100	
$\rightarrow u_1$	1	9	0	-1	2	100	
Y_4	0	-60	0	-10	-20	-7000	

1.c) 1. $u_1 \geqq 0, \; u_2 \geqq 0, \; u_3 \geqq 0, \; u_4 \geqq 0$

2. $15u_1 + 5u_2 + 3u_3 + 4u_4 \leqq 15$

$35u_1 + 7u_2 + 2u_3 + u_4 \leqq 30$

3. $140u_1 + 35u_2 + 12u_3 + 8u_4 = Y \rightarrow \text{Max}$

Ergebnis: $x_1 = \frac{7}{2}, \; x_2 = \frac{5}{2}, \; Z_{\text{Min}} = 127{,}5$

BV	u_1	u_2	u_3	u_4	x_1	x_2	b_i	q_i
x_1	15	5	3	4	1	0	15	1
$\leftarrow x_2$	$\textcircled{35}$	7	2	1	0	1	30	$\frac{30}{35}$
Y_1	140	35	12	8	0	0	0	
$\leftarrow x_1$	0	$\textcircled{2}$	$\frac{75}{35}$	$\frac{125}{35}$	1	$-\frac{15}{35}$	$\frac{15}{7}$	$\frac{15}{14}$
$\rightarrow u_1$	1	$\frac{7}{35}$	$\frac{2}{35}$	$\frac{1}{35}$	0	$\frac{1}{35}$	$\frac{30}{35}$	$\frac{30}{7}$
Y_2	0	7	4	4	0	-4	-120	
$\rightarrow u_2$	0	1	$\frac{15}{14}$	$\frac{25}{14}$	$\frac{1}{2}$	$-\frac{3}{14}$	$\frac{15}{14}$	
u_1	1	0	$-\frac{11}{70}$	$-\frac{23}{70}$	$-\frac{1}{10}$	$\frac{1}{14}$	$\frac{9}{14}$	
Y_3	0	0	$-\frac{7}{2}$	$-\frac{17}{2}$	$-\frac{7}{2}$	$-\frac{5}{2}$	$-\frac{255}{2}$	

1.d) 1. $u_1 \geqq 0, \; u_2 \geqq 0, \; u_3 \geqq 0, \; u_4 \geqq 0, \; u_5 \geqq 0$

2. $u_1 \quad + 3u_3 + u_4 + 3u_5 \leqq 3$

$u_2 + 7u_3 + u_4 + u_5 \leqq 2$

3. $2u_1 + u_2 + 42u_3 + 10u_4 + 18u_5 = Y \rightarrow \text{Max}$

Ergebnis: $x_1 = 4, \; x_2 = 6, \; Z_{\text{Min}} = 24$

BV	u_1	u_2	u_3	u_4	u_5	x_1	x_2	b_i	q_i
x_1	1	0	3	1	3	1	0	3	3
$\leftarrow x_2$	0	1	7	①	1	0	1	2	2
Y_1	2	1	42	10	18	0	0	0	
$\leftarrow x_1$	1	-1	-4	0	②	1	-1	1	$\frac{1}{2}$
$\rightarrow u_4$	0	1	7	1	1	0	1	2	2
Y_2	2	-9	-28	0	8	0	-10	-20	
$\rightarrow u_5$	$\frac{1}{2}$	$-\frac{1}{2}$	-2	0	1	$\frac{1}{2}$	$-\frac{1}{2}$	$\frac{1}{2}$	
u_4	$-\frac{1}{2}$	$\frac{3}{2}$	9	1	0	$-\frac{1}{2}$	$\frac{3}{2}$	$\frac{3}{2}$	
Y_3	-2	-5	-12	0	0	-4	-6	-24	

1.e) 1. $u_1 \geqq 0, \quad u_2 \geqq 0$

2. $3u_1 + u_2 \leqq 3$

$2u_1 + 2u_2 \leqq 1$

3. $24u_1 + 14u_2 = Y \rightarrow \text{Max}$

Ergebnis: $x_1 = 0,\ x_2 = 12,\ Z_{\mathbf{Min}} = 12$

BV	u_1	u_2	x_1	x_2	b_i	q_i
x_1	3	1	1	0	3	1
$\leftarrow x_2$	②	2	0	1	1	$\frac{1}{2}$
Y_1	24	14	0	0	0	
x_1	0	-2	1	$-\frac{3}{2}$	$\frac{3}{2}$	
$\rightarrow u_1$	1	1	0	$\frac{1}{2}$	$\frac{1}{2}$	
Y_2	0	-10	0	-12	-12	

1.f) 1. $u_1 \geqq 0, u_2 \geqq 0, u_3 \geqq 0, u_4 \geqq 0$

2. $2u_1 + u_2 + 2u_3 \leqq 4$

$3u_1 + u_2 + u_3 + u_4 \leqq 5$

3. $24u_1 + 10u_2 + 12u_3 + u_4 = Y \rightarrow \text{Max}$

Ergebnis: $x_1 = 6,\ x_2 = 4,\ Z_{\mathbf{Min}} = 44$

BV	u_1	u_2	u_3	u_4	x_1	x_2	b_i	q_i
$\leftarrow x_1$	2	①	2	0	1	0	4	4
x_2	3	1	1	1	0	1	5	5
Y_1	24	10	12	1	0	0	0	
$\rightarrow u_2$	2	1	2	0	1	0	4	2
$\leftarrow x_2$	①	0	-1	1	-1	1	1	1
Y_2	4	0	-8	1	-10	0	-40	
u_2	0	1	4	-2	3	-2	2	
$\rightarrow u_1$	1	0	-1	1	-1	1	1	
Y_3	0	0	-4	-3	-6	-4	-44	

2.a) 1. $u_1 \geqq 0,\ u_2 \geqq 0,\ u_3 \geqq 0,\ u_4 \geqq 0,\ u_5 \geqq 0,\ u_6 \geqq 0$

2.
$$\begin{aligned} 3u_1 + u_2 + u_3 + 2u_4 + u_5 + u_6 &\leqq 10 \\ 2u_1 + 3u_3 + u_4 + u_5 + 3u_6 &\leqq 12 \\ u_1 + 2u_2 &\leqq 4 \end{aligned}$$

3. $3u_1 + 5u_2 + 7u_3 + u_4 + 5u_5 + u_6 = Y \rightarrow \text{Max}$

Ergebnis: $x_1 = 4,\ x_2 = 1,\ x_3 = \frac{1}{2},\ Z_{\text{Min}} = 54$

BV	u_1	u_2	u_3	u_4	u_5	u_6	x_1	x_2	x_3	b_i	q_i
x_1	3	1	1	2	1	1	1	0	0	10	10
$\leftarrow x_2$	2	0	③	1	1	3	0	1	0	12	4
x_3	1	2	0	0	0	0	0	0	1	4	—
Y_1	3	5	7	1	5	1	0	0	0	0	
x_1	$\frac{7}{3}$	1	0	$\frac{5}{3}$	$\frac{2}{3}$	0	1	$-\frac{1}{3}$	0	6	6
$\rightarrow u_3$	$\frac{2}{3}$	0	1	$\frac{1}{3}$	$\frac{1}{3}$	1	0	$\frac{1}{3}$	0	4	—
$\leftarrow x_3$	1	②	0	0	0	0	0	0	1	4	2
Y_2	$-\frac{5}{3}$	5	0	$-\frac{4}{3}$	$\frac{8}{3}$	-6	0	$-\frac{7}{3}$	0	-28	

BV	u_1	u_2	u_3	u_4	u_5	u_6	x_1	x_2	x_3	b_i	q_i
$\leftarrow y_1$	$\frac{11}{6}$	0	0	$\frac{5}{3}$	($\frac{2}{3}$)	0	1	$-\frac{1}{3}$	$-\frac{1}{2}$	4	6
u_3	$\frac{2}{3}$	0	1	$\frac{1}{3}$	$\frac{1}{3}$	1	0	$\frac{1}{3}$	0	4	12
$\rightarrow u_2$	$\frac{1}{2}$	1	0	0	0	0	0	0	$\frac{1}{2}$	2	—
Y_3	$-\frac{25}{6}$	0	0	$-\frac{4}{3}$	$\frac{8}{3}$	-6	0	$-\frac{7}{3}$	$-\frac{5}{2}$	-38	
$\rightarrow u_5$	$\frac{11}{4}$	0	0	$\frac{5}{2}$	1	0	$\frac{3}{2}$	$-\frac{1}{2}$	$-\frac{3}{4}$	6	
u_3	$-\frac{1}{4}$	0	1	$-\frac{1}{2}$	0	1	$-\frac{1}{2}$	$\frac{1}{2}$	$\frac{1}{4}$	2	
u_2	$\frac{1}{2}$	1	0	0	0	0	0	0	$\frac{1}{2}$	2	
Y_4	$-\frac{23}{2}$	0	0	-8	0	-6	-4	-1	$-\frac{1}{2}$	-54	

2.b) 1. $u_1 \geqq 0,\ u_2 \geqq 0,\ u_3 \geqq 0$

2. $u_1 + 2u_2 + u_3 \leqq 10,\ u_2 + u_3 \leqq 4,\ u_1 + u_2 \leqq 5$

3. $3u_1 + 2u_2 + u_3 = Y \rightarrow \text{Max}$

Ergebnis: $x_1 = 0,\ x_2 = 1,\ x_3 = 3,\ Z_{\text{Min}} = 19$

BV	u_1	u_2	u_3	x_1	x_2	x_3	b_i	q_i
x_1	1	2	1	1	0	0	10	10
x_2	0	1	1	0	1	0	4	—
$\leftarrow x_3$	(1)	1	0	0	0	1	5	5
Y_1	3	2	1	0	0	0	0	
x_1	0	1	1	1	0	-1	5	5
$\leftarrow x_2$	0	1	(1)	0	1	0	4	4
$\rightarrow u_1$	1	1	0	0	0	1	5	—
Y_2	0	-1	1	0	0	-3	-15	
x_1	0	0	0	1	-1	-1	1	
$\rightarrow u_3$	0	1	1	0	1	0	4	
u_1	1	1	0	0	0	1	5	
Y_3	0	-2	0	0	-1	-3	-19	

2.c) 1. $u_1 \geqq 0,\ u_2 \geqq 0,\ u_3 \geqq 0,\ u_4 \geqq 0,\ u_5 \geqq 0$

2.
$$\begin{aligned} 2u_1 + u_2 + 3u_3 + u_4 + 2u_5 &\leqq 12 \\ u_1 + u_2 + u_3 &\leqq 4 \\ u_2 + u_3 + 2u_4 + u_5 &\leqq 8 \\ 3u_1 + u_2 + u_5 &\leqq 10 \end{aligned}$$

3. $2u_1 + 5u_2 + u_3 + 2u_4 + u_5 = Y \rightarrow \text{Max}$

Ergebnis: $x_1 = 0,\ x_2 = 4,\ x_3 = 1,\ x_4 = 0,\ Z_{\text{Min}} = 24$

BV	u_1	u_2	u_3	u_4	u_5	x_1	x_2	x_3	x_4	b_i	q_i
x_1	2	1	3	1	2	1	0	0	0	12	12
$\leftarrow x_2$	1	①	1	0	0	0	1	0	0	4	4
x_3	0	1	1	2	1	0	0	1	0	8	8
x_4	3	1	0	0	1	0	0	0	1	10	10
Y_1	2	5	1	2	1	0	0	0	0	0	
x_1	1	0	2	1	2	1	-1	0	0	8	8
$\rightarrow u_2$	1	1	1	0	0	0	1	0	0	4	—
$\leftarrow x_3$	-1	0	0	②	1	0	-1	1	0	4	2
x_4	2	0	-1	0	1	0	-1	0	1	6	—
Y_2	-3	0	-4	2	1	0	-5	0	0	-20	
x_1	$\frac{3}{2}$	0	2	0	$\frac{3}{2}$	1	$-\frac{1}{2}$	$-\frac{1}{2}$	0	6	
u_2	1	1	1	0	0	0	1	0	0	4	
$\rightarrow u_4$	$-\frac{1}{2}$	0	0	1	$\frac{1}{2}$	0	$-\frac{1}{2}$	$\frac{1}{2}$	0	2	
x_4	2	0	-1	0	1	0	-1	0	1	6	
Y_3	-2	0	-4	0	0	0	-4	-1	0	-24	

3. x_1 sei die Anzahl der Tage, an denen in Grube G_1,
   x_2 sei die Anzahl der Tage, an denen in Grube G_2 gefördert wird.

1. $x_1 \geqq 0, \quad x_2 \geqq 0$
2. $2x_1 + x_2 \geqq 8$
   $x_1 + x_2 \geqq 6$
   $x_1 + 4x_2 \geqq 12$
3. $100x_1 + 200x_2 = Z \rightarrow \text{Min}$

1. $u_1 \geqq 0, \; u_2 \geqq 0, \; u_3 \geqq 0$
2. $2u_1 + u_2 + u_3 \leqq 100$
   $u_1 + u_2 + 4u_3 \leqq 200$
3. $8u_1 + 6u_2 + 12u_3 = Y \rightarrow \text{Max}$

Ergebnis: $x_1 = 4, \; x_2 = 2, \; Z_{\text{Min}} = 800$

BV	u_1	u_2	u_3	x_1	x_2	b_i	q_i
x_1	2	1	1	1	0	100	100
$\leftarrow x_2$	1	1	④	0	1	200	50
Y_1	8	6	12	0	0	0	
$\leftarrow x_1$	($\frac{7}{4}$)	$\frac{3}{4}$	0	1	$-\frac{1}{4}$	50	$\frac{200}{7}$
$\rightarrow u_3$	$\frac{1}{4}$	$\frac{1}{4}$	1	0	$\frac{1}{4}$	50	200
Y_2	5	3	0	0	-3	-600	

BV	u_1	u_2	u_3	x_1	x_2	b_i	q_i
$\rightleftarrows u_1$	1	$\frac{3}{7}$ (circled)	0	$\frac{4}{7}$	$-\frac{1}{7}$	$\frac{200}{7}$	$\frac{200}{3}$
u_3	0	$\frac{1}{7}$	1	$-\frac{1}{7}$	$\frac{2}{7}$	$\frac{300}{7}$	300
Y_3	0	$\frac{6}{7}$	0	$-\frac{20}{7}$	$-\frac{16}{7}$	$-\frac{5200}{7}$	
$\rightarrow u_2$	$\frac{7}{3}$	1	0	$\frac{4}{3}$	$-\frac{1}{3}$	$\frac{200}{3}$	
u_3	$-\frac{1}{3}$	0	1	$-\frac{1}{3}$	$\frac{1}{3}$	$\frac{100}{3}$	
Y_4	-2	0	0	-4	-2	-800	

4. Von Präparat P_1 sei die Menge x_1,
von Präparat P_2 sei die Menge x_2 notwendig.

1. $x_1 \geqq 0 \quad x_2 \geqq 0$
2. $2x_1 + 3x_2 \geqq 30$
   $2x_1 + x_2 \geqq 15$
   $x_1 + 4x_2 \geqq 20$
3. $0{,}1x_1 + 0{,}2x_2 = Z \rightarrow \text{Min}$

1. $u_1 \geqq 0, \quad u_2 \geqq 0, \quad u_3 \geqq 0$
2. $2u_1 + 2u_2 + u_3 \leqq 0{,}1$
   $3u_1 + u_2 + 4u_3 \leqq 0{,}2$
3. $30u_1 + 15u_2 + 20u_3 = Y \rightarrow \text{Max}$

Ergebnis: $x_1 = 12$, $x_2 = 2$, $Z_{\text{Min}} = 1{,}6$

BV	u_1	u_2	u_3	x_1	x_2	b_i	q_i
$\leftarrow x_1$	2 (circled)	2	1	1	0	0,1	$\frac{1}{20}$
x_2	3	1	4	0	1	0,2	$\frac{1}{15}$
Y_1	30	15	20	0	0	0	
$\rightarrow u_1$	1	1	$\frac{1}{2}$	$\frac{1}{2}$	0	$\frac{1}{20}$	$\frac{1}{10}$
$\leftarrow x_2$	0	-2	$\frac{5}{2}$ (circled)	$-\frac{3}{2}$	1	$\frac{1}{20}$	$\frac{1}{50}$
Y_2	0	-15	5	-15	0	$-\frac{3}{2}$	
u_1	1	$\frac{7}{5}$	0	$\frac{4}{5}$	$-\frac{1}{5}$	$\frac{1}{25}$	
$\rightarrow u_3$	0	$-\frac{4}{5}$	1	$-\frac{3}{5}$	$\frac{2}{5}$	$\frac{1}{50}$	
Y_3	0	-11	0	-12	-2	$-\frac{16}{10}$	

5. x_1 kg Hülsenfrüchte, x_2 kg Büchsenfleisch seien notwendig.

1. $x_1 \geqq 0, \quad x_2 \geqq 0$	1. $u_1 \geqq 0, u_2 \geqq 0, u_3 \geqq 0, u_4 \geqq 0$
2. $100x_1 + 500x_2 \geqq 100$	2. $u_1 + 5u_2 + 2u_3 + 2u_4 \leqq 3$
$500x_1 + 100x_2 \geqq 100$	$5u_1 + u_2 + 2u_3 + 4u_4 \leqq 4$
$400x_1 + 400x_2 \geqq 200$	3. $u_1 + u_2 + u_3 + 1{,}6u_4 = Y \to \text{Max}$
$2000x_1 + 4000x_2 \geqq 1600$	
3. $3x_1 + 4x_2 = Z \to \text{Min}$	

Ergebnis: $x_1 = 0{,}2,\ x_2 = 0{,}3,\ Z_{\text{Min}} = 1{,}80$

BV	u_1	u_2	u_3	u_4	x_1	x_2	b_i	q_i
x_1	1	5	2	2	1	0	3	$\frac{3}{2}$
$\leftarrow x_2$	5	1	2	$\boxed{4}$	0	1	4	1
Y_1	1	1	1	$\frac{8}{5}$	0	0	0	
$\leftarrow x_1$	$-\frac{3}{2}$	$\boxed{\frac{9}{2}}$	1	0	1	$-\frac{1}{2}$	1	$\frac{2}{9}$
$\rightarrow u_4$	$\frac{5}{4}$	$\frac{1}{4}$	$\frac{1}{2}$	1	0	$\frac{1}{4}$	1	4
Y_2	-1	$\frac{3}{5}$	$\frac{1}{5}$	0	0	$-\frac{2}{5}$	$-\frac{8}{5}$	
$\rightleftarrows u_2$	$-\frac{1}{3}$	1	$\boxed{\frac{2}{9}}$	0	$\frac{2}{9}$	$-\frac{1}{9}$	$\frac{2}{9}$	1
u_4	$\frac{4}{3}$	0	$\frac{4}{9}$	1	$-\frac{1}{18}$	$\frac{5}{18}$	$\frac{17}{18}$	2
Y_3	$-\frac{4}{5}$	0	$\frac{1}{15}$	0	$-\frac{2}{15}$	$-\frac{1}{3}$	$-\frac{26}{15}$	
$\rightarrow u_3$	$-\frac{3}{2}$	$\frac{9}{2}$	1	0	1	$-\frac{1}{2}$	1	
u_4	2	-2	0	1	$-\frac{1}{2}$	$\frac{1}{2}$	$\frac{1}{2}$	
Y_4	$-\frac{7}{10}$	$-\frac{3}{10}$	0	0	$-\frac{1}{5}$	$-\frac{3}{10}$	$-\frac{9}{5}$	

6. x_1 ME von F_1, x_2 ME von F_2, x_3 ME von F_3 seien notwendig.

1. $x_1 \geqq 0,\ x_2 \geqq 0,\ x_3 \geqq 0$	1. $u_1 \geqq 0,\ u_2 \geqq 0,\ u_3 \geqq 0$
2. $2x_1 + x_2 + x_3 \geqq 8$	2. $2u_1 + u_2 + 3u_3 \leqq 10$
$x_1 + 3x_2 + x_3 \geqq 6$	$u_1 + 3u_2 + 3u_3 \leqq 12$
$3x_1 + 3x_2 + 2x_3 \geqq 12$	$u_1 + u_2 + 2u_3 \leqq 8$
3. $10x_1 + 12x_2 + 8x_3 = Z \to \text{Min}$	3. $8u_1 + 6u_2 + 12u_3 = Y \to \text{Max}$

Ergebnis: $x_1 = 3{,}6,\ x_2 = 0{,}8,\ x_3 = 0,\ Z_{\text{Min}} = 45{,}6$

BV	u_1	u_2	u_3	x_1	x_2	x_3	b_i	q_i
$\leftarrow x_1$	2	1	③	1	0	0	10	$\frac{10}{3}$
x_2	1	3	3	0	1	0	12	4
x_3	1	1	2	0	0	1	8	4
Y_1	8	6	12	0	0	0	0	
$\rightarrow u_3$	$\frac{2}{3}$	$\frac{1}{3}$	1	$\frac{1}{3}$	0	0	$\frac{10}{3}$	10
$\leftarrow x_2$	-1	②	0	-1	1	0	2	1
x_3	$-\frac{1}{3}$	$\frac{1}{3}$	0	$-\frac{2}{3}$	0	1	$\frac{4}{3}$	4
Y_2	0	2	0	-4	0	0	-40	
$\leftarrow u_3$	($\frac{5}{6}$)	0	1	$\frac{1}{2}$	$-\frac{1}{6}$	0	3	$\frac{18}{5}$
$\rightarrow u_2$	$-\frac{1}{2}$	1	0	$-\frac{1}{2}$	$\frac{1}{2}$	0	1	—
x_3	$-\frac{1}{6}$	0	0	$-\frac{1}{2}$	$-\frac{1}{6}$	1	1	—
Y_3	1	0	0	-3	-1	0	-42	
$\rightarrow u_1$	1	0	$\frac{6}{5}$	$\frac{3}{5}$	$-\frac{1}{5}$	0	$\frac{18}{5}$	
u_2	0	1	$\frac{3}{5}$	$-\frac{1}{5}$	$\frac{2}{5}$	0	$\frac{14}{5}$	
x_3	0	0	$\frac{1}{5}$	$-\frac{2}{5}$	$-\frac{1}{5}$	1	$\frac{8}{5}$	
Y_4	0	0	$-\frac{6}{5}$	$-\frac{18}{5}$	$-\frac{4}{5}$	0	$-\frac{228}{5}$	

7. Von Legierung A seien x_1 kg, von Legierung B x_2 kg, von Legierung C x_3 kg, von Legierung D x_4 kg notwendig.

1. $x_1 \geqq 0,\ x_2 \geqq 0,\ x_3 \geqq 0,\ x_4 \geqq 0$
2. $7x_1 + 6x_2 + 5x_3 + 9x_4 \geqq 1200$

   $3x_1 + 4x_2 + 5x_3 + x_4 \geqq 1800$
3. $5x_1 + 4x_2 + 3x_3 + 6x_4 = Z \rightarrow \text{Min}$

1. $u_1 \geqq 0, \quad u_2 \geqq 0$
2. $7u_1 + 3u_2 \leqq 5$

   $6u_1 + 4u_2 \leqq 4$

   $5u_1 + 5u_2 \leqq 3$

   $9u_1 + u_2 \leqq 6$
3. $1200u_1 + 1800u_2 = Y \rightarrow \text{Max}$

Ergebnis: $x_1 = 0,\ x_2 = 0,\ x_3 = 360,\ x_4 = 0,\ Z_{\text{Min}} = 1080$

BV	u_1	u_2	x_1	x_2	x_3	x_4	b_i	q_i
x_1	7	3	1	0	0	0	5	$\frac{5}{3}$
x_2	6	4	0	1	0	0	4	1
$\leftarrow x_3$	5	⑤	0	0	1	0	3	$\frac{3}{5}$
x_4	9	1	0	0	0	1	6	6
Y_1	1200	1800	0	0	0	0	0	
x_1	4	0	1	0	$-\frac{3}{5}$	0	$\frac{16}{5}$	
x_2	2	0	0	1	$-\frac{4}{5}$	0	$\frac{8}{5}$	
$\rightarrow u_2$	1	1	0	0	$\frac{1}{5}$	0	$\frac{3}{5}$	
x_4	8	0	0	0	$-\frac{1}{5}$	1	$\frac{27}{5}$	
Y_2	-600	0	0	0	-360	0	-1080	